KB270383

쉽다!
빠르다!

유학생을 위한 요리 노트

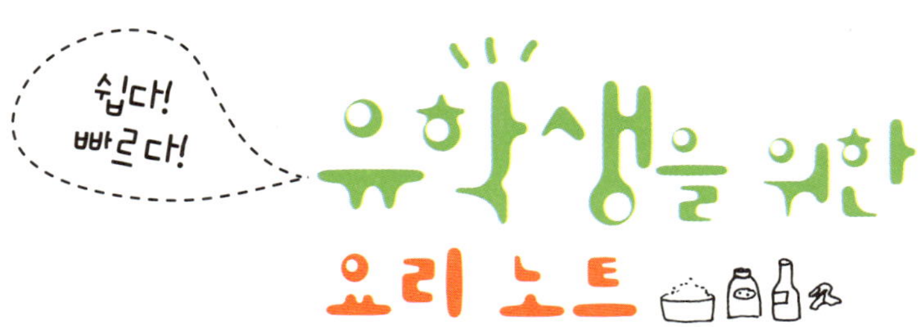

펜하우스

총명한 사람은 요리도 잘한다!

먹는 것은 즐거운 일입니다. 즐거운 식사는 그 사람의 미래를 바꾼다고 합니다.
이 책은 영국, 이탈리아에서 12년간 유학생활한 경험을 바탕으로 우리의
자랑스런 후배 유학생들에게 즐겁고 유익한 정보가 되기를 바라는 마음에서, 그리고
사랑하는 조카 도현, 영현이가 즐겁게 먹고 생활하며 성공적인 유학생활을 마치길
바라는 마음에서 썼습니다.

어느날, 김치가 너무 그리웠습니다. 그때는 한국 슈퍼가 없던 시절이었어요. 비슷한
무언가가 눈에 들어왔습니다. 양파병조림. 이걸 사서 기대에 찬 마음으로 집에 오자마자
눈을 감고 '이건 김치야!' 하고 단숨에 국물까지 쭈욱 마셔버렸지요. 제법 김치 같은
느낌이었어요. 행복했습니다. 얼마 지나자 또 슬슬 김치가 그리워졌어요.
이번에는 큰맘 먹고 김치를 담가보기로 했습니다. 집 주변 슈퍼에서는 배추 비슷한 걸
찾을 수가 없었어요. 그래서 당근으로 김치를 담갔습니다. 당시 영국에서는 당근이
제일 싼 채소였거든요. 그런데, 아무리 배고픈 유학생이라도 이건 아니다 싶더군요.
배추를 찾아야 했습니다. 오픈마켓에서 배추를 찾긴 했지만, 유학생에게는 사치스런
가격이었어요. 다행스럽게 주변에 버려진 배춧잎들이 눈에 들어왔습니다.
그걸 주워서 뿌듯한 맘으로 돌아와 정성스럽게 김치를 담갔어요. '역시~ 김치는 배추로
담가야 해'라고 외치며 담근 김치는 채 익기도 전에 다 먹어치워버렸어요. 그 후 종종
시장에 가면 친절한 아저씨들이 배춧잎을 버리지 않고 모아두었다 주시곤 했죠.

저의 유학생활은 이렇게 아무것도 몰랐고, 말 그대로 무식해서 용감했습니다.
하지만 세상에 안 되는 일은 없다고 믿으며 경험하고 체험한 것들을 색다른 방법의
레시피로 썼습니다. 선배의 경험담이니 조금 낯설더라도 한번 도전해보세요!

사랑하는 도현아, 영현아! 그리고 대한민국 유학생 후배들!
부디 건강한 모습으로 훌륭하게 유학생활을 마치고
골든코리안이 되어 돌아오길 바랍니다.
한국 이모를 대표해서 자랑스런 조카들에게 파이팅을 외쳐봅니다.

요리하고 그림 그린 김은주

어, 이렇게 하니까 진짜 달걀프라이가 되네?!

어, 이렇게 하니까 진짜 달걀프라이가 되네! 촬영 첫날 부끄러운 줄 모르고 이렇게
말했더랬어요. 서른 훨씬 넘은 나이에 달걀프라이 하나 할 줄도 모른다면 요즘
유행하는 '골드미스'냐 놀리시겠지만 사실은 저, 3년차 아줌마입니다. 무늬만 주부죠.
막 결혼하고 나서는 온전히 제 몫인 주방이 얼마나 무섭던지. 그나마 자신 있게 할 줄
아는 요리라곤 엄마표 김치 공수해다 끓이는 김치찌개 하나뿐이었으니까요.
하루 종일 일에, 사람에 시달리다 들어온 남편과 갓 지은 밥에 금방 만든 반찬으로
차린 밥상 앞에 놓고 마주 앉아 도란도란 이야기하며 저녁 먹는 재미에 좀 만만한
요리책이나 블로그가 보이면 일단 갈무리부터 해놓고 하루에
한두 가지씩 새로운 반찬에 도전하곤 했죠. 하지만 워낙 기초가 없다 보니 만날
태우지 않으면 설익고, 불 조절할 타이밍을 맞추지 못하거나 너무 볶아 채소들은
그 형체가 사라질 정도. 남들은 하면 할수록 요리 실력이 는다는데,
저만 제자리걸음이었어요. 게다가 깊은 맛은 고사하고 간은 얼마나 심심하게 하는지,
"안 짜게 먹어야 건강에 좋아!"라고 남편 협박해가며 부끄러움을 덮었죠.

요리하는 게 점점 더 엄두가 안 날 무렵, 은주 언니를 만났습니다.
처음엔 '유학생을 위한 요리책'이라는 말에 그냥 책 한 권 잘 만들면 되겠거니, 했는데
언니와 함께 콘티를 짜고 투닥투닥 깔깔거리며 촬영하다 보니 점점 신이 났어요.
이건 정말 저를 위한 책 같았어요. 처음 보는 신기한 양념 궁합도,
요리할 때 재료를 조합하는 순서도, 불을 켜고 줄이고 바르르 끓이는 타이밍도.
아무도 가르쳐주지 않던 기초 상식들이 언니 한 번 쿡 찌르면 원리부터 시원하게
좔좔 흘러나왔어요. 덕분에 전 촬영하는 내내 진행하랴, 어시스트하랴,
메모하랴 손오공이 된 듯한 기분이었지만 이제 요리 비법 노트 하나 가졌으니 이보다
더 든든할 수 없답니다.

만날 내가 만든 음식 먹을 때마다 "이렇게 맛있는 요리는 태어나서 처음이야~"라고
말하는 양치기 여보씨! 진짜 그 말나오게끔 열심히 해볼게. 언니가 재밌고 쉬운 방법
많이 알려줬으니 그리 오래 걸리지는 않을 거야.

글 쓰고 진행한 안혜령

contents

★재료의 양은
여학생 2인분 기준!
음식은 둘이
나눠먹는 거래요~

Rice

엄마 곁을 떠나 처음 맞는 저녁, 배는 고픈데
전기밥솥은커녕 제 뚜껑조차 없는 냄비만 달랑 있는 초난감 시추에이션이라면?
따끈따끈한 밥 한 공기 뚝딱 만드는 간단 밥 짓기부터 배워보자고요.
한국 사람은 뭐니뭐니 해도 '밥심'이니까요!

Rice

*쌀은 종이봉투에 담아 보관해요

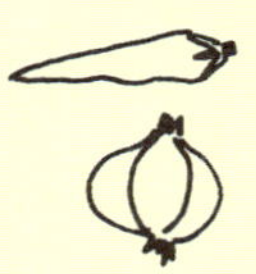

쌀도 숨을 쉬니까 비닐봉투에 담아두면 금세
눅눅해져요. 쌀을 보관할 때는 종이봉투에 담아
어둡고 통풍이 잘되는 곳에 두고 숯이나 마른
고추, 통마늘을 넣어두세요. 벌레와
곰팡이가 쌀 근처에 얼씬도 못한답니다.

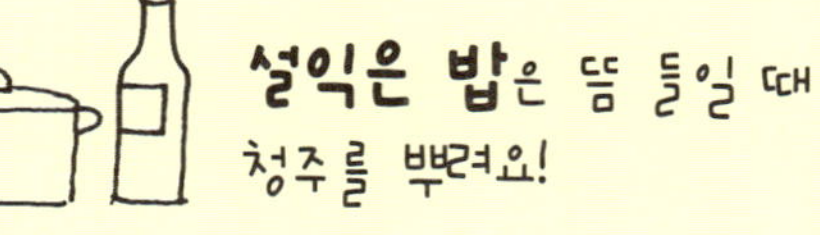

설익은 밥은 뜸 들일 때
청주를 뿌려요!

*냄비밥 데워 먹기

점심때 냄비에 지어 먹은 밥이 좀 남았는데, 저녁에
마저 먹어치울 거라면 냉동실에 넣지 말고 냄비째
그대로 뚜껑을 덮어둬요. 먹기 전에 뚜껑을
덮은 채 약한 불에서 5~7분 정도 다시 뜸들이기!
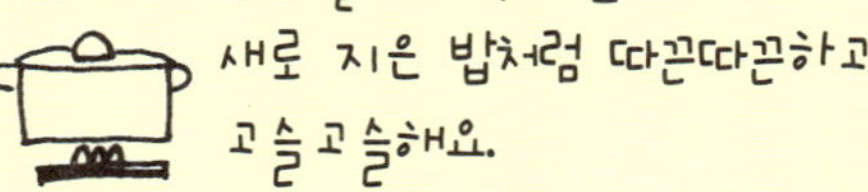
새로 지은 밥처럼 따끈따끈하고
고슬고슬해요.

*탄 밥 냄새는 숯으로 OUT

쌀을 안치고 잠깐 딴생각하다 밥을 태우는 경우가 종종
있죠? 탄 밥 응급처치에는 숯이 최고! 밥 위에 유산지를
깔고 숯을 얹은 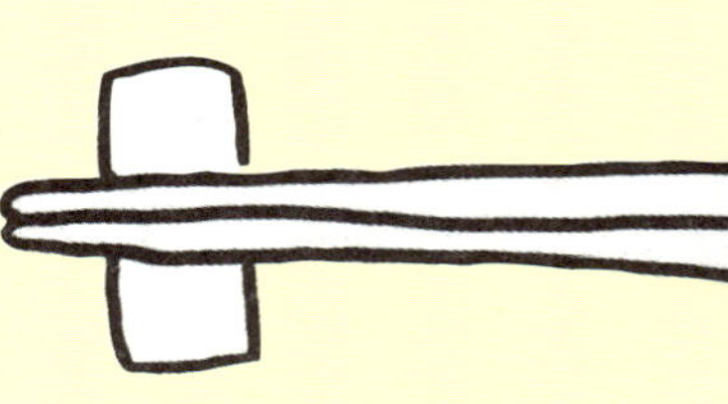 다음 잠시 뚜껑을 닫아두세요.
냄새가 감쪽같이 사라져요.

*오래 보온할 밥 냄새 잡기

밥을 지을 때 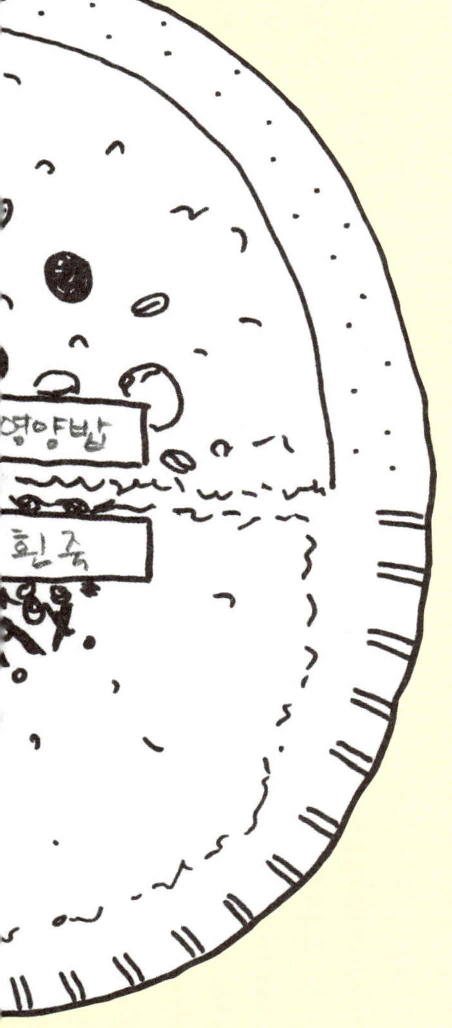 술을 넣어보세요.
쌀 2컵에 술 1과 1/2작은술이 환상궁합!
이렇게 하면 전기밥솥에 오래 보온해두어도
냄새가 나지 않아요.

*처음 보는 다양한 쌀들, 어떤 걸 골라먹어야 할까?

마트에 가보면 만날 밥 지어 먹던 오동통한
쌀은 어디 가고 모양이 길쭉하거나
독특한 이름이 붙은 쌀들만 가득하죠.
쌀 한 봉지 잘못 사면 정말 처치곤란이니까
잘 골라보자고요. Jasmine(white/brown),
Basmati, Botan, Baby Basmati
등이 우리나라 쌀과 비슷해 밥 짓기 쉬워요.
초밥을 만들 땐 Botan을 쓰세요.

*묵은쌀도 햅쌀처럼 맛있게

쌀을 사다 두고 깜빡 잊었다면 식초를 활용해보세요.
쌀을 씻어 마지막 헹굼물에 식초 한 방울을 떨어뜨려
헹군 다음 체에 밭쳐놓으면 묵은쌀 특유의 냄새를
싹 잡아준답니다. 쌀을 안치기 전에 미지근한 물로 한번
헹궈 식촛기를 빼세요.

*밥에서 비린내가 난다고?

품질이 떨어지는 쌀로 밥을 지으면 비린내가 날 수 있어요.
그렇다고 쌀을 버릴 수는 없죠? 쌀은 씻어 불려두고,
물을 먼저 팔팔 끓여요. 끓는 물에 소금 찔끔 넣고
불린 쌀을 넣어 밥을 지으면 고민 해결!

* 고소한 밥맛 업그레이드!

밥을 지을 때 식용유나 참기름 한두 방울을 떨어뜨려
지으면 밥맛이 더 고소해요. 쌀 1컵에 우유 1작은술을 넣고
지어도 고소하고 부드럽답니다.

밥 짓기

낯선 땅에서 혼자 먹고 살기 위해 제일 먼저 배워둬야 할 것은 바로 밥 짓기.
물만 잘 맞추면 식은죽 먹기보다 더 쉬워요~ 용기 내서 무브무브무브!

쌀 1컵, 물 1컵+1큰술,
유산지(쿠킹포일) 혹은
젖은 행주

쌀 씻기

쌀은 체에 밭쳐 씻으면 쉽게, 빨리 씻을 수 있어요.
① 첫물은 재빨리 헹궈내세요.
② 흐르는 물에 2~3번 씻어요.
③ 쌀을 심하게 문지르지 않는 것이 POINT!
④ 체에 밭쳐 30분 정도 불리세요.

냄비밥 짓기

쌀은 씻어 체에 밭쳐 30분 불려두고

쌀 1컵에 물 1컵과 1큰술을 넣고

센 불에 올려 끓기 시작하면 30초~1분 더 가열해요.

주걱으로 슬슬 뒤집은 다음 불을 중간 불로 down~

유산지나 쿠킹포일을 덮은 다음
전기쿠커면 유산지
가스쿠커면 쿠킹포일

뚜껑을 덮고 10분 정도 익혀요.

'따닥' 소리가 나기 시작하면 센 불로 높여 20초 정도 익히고 불을 꺼요.

뜨거울 때 살살 섞으면

고슬고슬 흰밥 완성!

Tip! 유산지란 빵이나 과자를 구울 때 틀에 붙지 않도록 까는 기름 먹인 종이예요. 찜을 하거나 냉동식품을 보관할 때 등등 쓸모가 많으니 하나쯤 준비해두세요.

전기밥솥 밥 짓기

밥물 비율은
쌀 1 : 물 1

❶ 밥솥에 밥이 남았다면 뜨거울 때 지퍼백에 담아 얇게 펴서 냉동해요.

남은 밥

❷ 그날 먹을 거라면 밥을 솥 가운데로 모아서 보온해요. 열선 가까이 놔 두면 밥이 쉽게 마르고 색이 변하기 때문!

소변을 잘 나오게 하고 설사를 멈추는
차조

다이어트와
피부미용에 좋은
율무

불필요한 수분을 쏙 빼주는
팥

몸에 좋은 잡곡

면역 기능을 높이고
빈혈을 잡는
흑미

씹는 맛도 있고 몸에도 좋은 잡곡을 섞어 밥을 지어보세요. 흑미와 찹쌀은 불렸다가 밥 지을 때 같이 넣으면 되고, 보리나 팥, 현미, 율무 등 대부분의 잡곡은 씻어서 불린 다음 미리 끓여 냉동실에 보관해두었다가 밥 지을 때마다 조금씩 넣으면 끝!

각종 비타민과
미네랄이 풍부한
현미

몸속
노폐물을
해독하는
서리태

콜레스테롤
경보를 낮춰주는
보리

혈관을 깨끗하게
씻어주는 단백질 덩어리
완두콩

Tip! 밥 vs. 물 환상 비율! 묵은쌀 1 : 물 1.5 / 불리지 않은 쌀 1 : 물 1.5 / 햅쌀 1 : 물 1 / 현미·콩·보리 1 : 물 1.3 / 찹쌀 1 : 물 0.8

초밥

고슬고슬하게 지은 밥에 얇게 썬 오이 한 줄 빙글 둘러
다양한 재료를 내 맘대로 얹으면, 웰컴 투 초밥 월드~

쌀 2컵, 다시마 1장,
오이 1개, 고추냉이 조금
배합초 물 1컵, 식초 3큰술,
설탕 2큰술, 소금 1큰술

쌀에 **다시마 1장** 넣고 고슬고슬하게
밥 짓는 사이

배합초는 한 번 와르르 **끓여**
식혀두세요.

밥이 다 되면 **볼에 넓게 펴** 담고

배합초를 조금씩 넣어가며 섞어요.

젓가락으로 섞다가

다 **식으면** 비닐봉지에 **담아**

꼼꼼히 **눌러가며** 고루 펴세요.

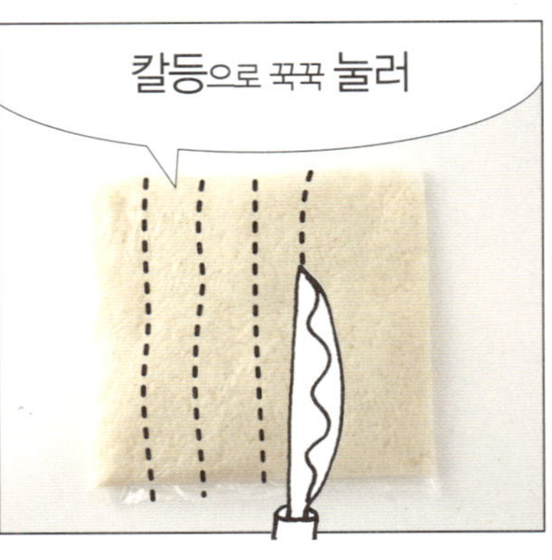

칼등으로 꾹꾹 눌러

한입 크기로 만든 다음

하나씩 떼어 모양을 잡아요.

오이는 감자 깎는 **필러로** 얇게
길이로 **저미고**

물기가 마르기 전 **초밥에 빙~**
둘러 감쌉니다.

맛살샐러드초밥
This is 고추냉이!
다진 맛살 1/2개,
다진 양파 1/4개,
마요네즈 1큰술,
소금·후추 약간씩
샐러드 양념
맛살과 양파를 다져서
소스에 버무리세요

삼색 날치알초밥
날치알+김가루
날치알+김가루+무순
날치알+무순

데리야키초밥
버섯 1/2컵, 양파 1/2컵은
잘게 다지고
양이 반으로 줄 때까지
타지 않게 졸여서
달군 팬에 기름을 두르고
양파, 버섯, 소스 넣고
타지 않게 볶아요.
물:설탕:
간장:청주
1:1:1:1
데리야키소스

참치초밥
냉동 참치는 먹을 만큼
잘라 소금·후추를 뿌려
자연 해동해요.
고추장·사이다·
식초 2큰술씩,
다진 마늘·고춧가루·
레몬즙 1큰술씩,
설탕 1/2큰술
초고추장
초고추장을
만들어 냉동 참치를
버무려 얹어요.

Tip!
초밥은 밥이 빨리 식어야 맛있어요. 젓가락으로 섞으면 빨리 식고, 밥알이 덜 상하므로 일석이조!

볶음밥 3종 세트

배고파 꼴딱 넘어가기 직전인데 반찬이 없다? 찬밥 한 덩어리가
10분 만에 볶음밥으로 변신!

채소볶음밥 밥 1공기, 자투리 채소
1컵, 쇠고기 스톡 1/4개, 소금 조금
달걀볶음밥 밥 1공기, 달걀 2개,
소금·후추 조금씩, 파 5cm

채소 볶음밥
남은 채소라면 무엇이든 잘게 썰기~

달군 팬에 기름 넉넉히 두르고 양파, 마늘을 중간 불에서 볶다가

양파가 투명해지면 모조리 투입!

쇠고기 스톡 넣고 볶으세요.

불 끄고 찬밥 넣고 고루 버무려 소금과 후추로 간해요.

다시 불 켜서 한번 휘휘 저으면 끝!

달걀볶음밥
달걀을 풀어 소금·후추 찔끔 넣고 섞어둬요.

파는 송송~

달군 팬에 식용유 고루 두르고

달걀물 붓고 불 끈 다음 뚜껑을 덮어서

팬의 열기만으로 달걀이 80%쯤 익으면

젓가락으로 휘휘 저어 찢어요.

짝퉁 리조토 밥 1공기, 냉동 해물 1컵, 양파 1/4개, 올리브오일 4큰술, 다진 마늘 1/2큰술, 스파게티 소스 1컵

찬밥 넣고 비비다 소금·후추로 간하고

불 켠 다음 파와 통깨 넣고 볶아요.

자장 소스로 중국집 볶음밥 부럽지 않게!

짝퉁 리조토
냉동 해물은 찬물에 씻어 물기 빼고

양파는 굵직하게, 마늘은 다지고

팬에 올리브오일 3큰술 두르고 양파와 마늘 넣고 볶다가

양파가 투명해지면 해물 넣고 휙 볶아요.

스파게티 소스로 맛을 내고

그냥 올리브오일 1큰술로 비벼놓고
더운밥
OR
전자레인지에 데워 올리브오일 1큰술 넣고 비벼요.
찬밥

밥을 넣고 비비다 소금 간하고 불을 끕니다.

뚜껑 덮고 2분쯤 뜸 들이면 돼요.

바질&토마토 곁들이기!

Tip! 리조토 할 때 밥에 미리 올리브오일을 뿌려두어야 쌀알이 불지 않고 리조토 특유의 꼬독꼬독한 질감을 유지할 수 있어요.

비빔밥

한국 사람은 역시 대접에 이것저것 왕창 넣고 휘휘 비벼 먹어야 속이
든든하죠. 볶음고추장(102페이지 참조)을 넣고 비벼 맛있게 먹어보아요~

쇠고기 간 것 30g, 시금치 1뿌리,
채친 당근 1줌, 식용유 1큰술,
콩나물 1줌 쇠고기양념
시금치양념 콩나물양념

간장·다진 파
1/2큰술씩,
참기름 1큰술,
다진 마늘 1/2큰술,
맛술 1작은술,
후추 조금
쇠고기
양념

달군 팬에 양념한 쇠고기를 볶아

키친타월에 올려 식히세요.

시금치는 끓는 물에 재빨리 데쳐
찬물에 헹궈

시금치
양념
참기름 1/2큰술,
통깨 1/2작은술,
소금 찔끔

간이 배도록 조물조물~

당근은 얇게 채쳐

식용유 두른 팬에
소금 찔끔 넣어 볶아요.

콩나물은 끓는 물에 데쳐
찬물에 헹구고

콩나물
양념
참기름 1/2큰술,
통깨 1/2작은술,
소금 찔끔

달걀프라이
ON!
콩나물
밥
당근
밥
시금치
밥
쇠고기
밥

Tip! 채소를 데칠 때는 반드시 소금 약간 넣기! 그래야 색깔도 선명하고 씹는 질감도 좋아요!

Soup

밥만 먹으니 입 안이 깔깔하죠?
국 한 대접 놓았을 뿐인데 혼자 먹는 식탁이 이렇게나 풍성해진다는 사실을,
지난밤 파티로 울렁울렁한 속이 금세 가라앉는다는 사실을,
엄마랑 같이 살 때는 몰랐을 거예요.

우거짓국

'미국' 생활하다 보면 배추 겉잎 한 장도 아까워요. 우거지 만들어놓고 오늘은 국 끓여 먹고, 내일은 무쳐 먹어보세요. 아린 속도 단번에 풀어질 거예요.

국물보따리 1개,
우거지 1컵,
대파 1큰술
우거지양념

냄비에 물을 붓고 국물보따리

or 돼지 잡뼈

or 사골 국물로 기본 국물을 내요.

10분간 끓인 후 국물보따리를 건져냅니다.
안녕~

된장·
들깻가루 1큰술씩,
다진 청양고추 1큰술,
고춧가루 1큰술,
다진 마늘 1작은술
우거지 양념

양념한 우거지를 넣고 중간 불에서 끓이는 동안

대파를 송송 썰어두세요.

우거지가 부드러워지면 대파 넣고 한 번 우르르~

ENJOY IT!

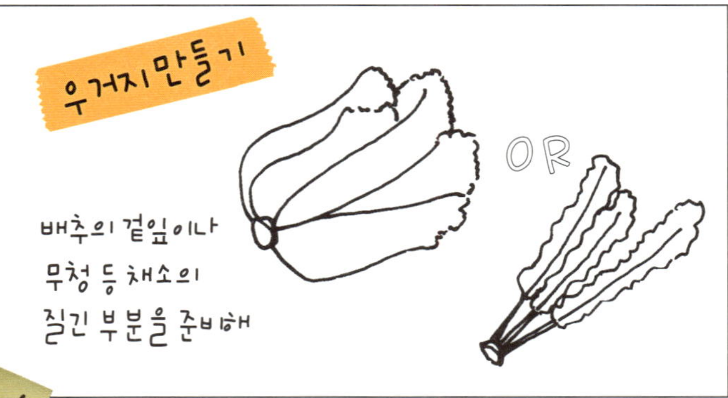
우거지만들기
OR
배추의 겉잎이나 무청 등 채소의 질긴 부분을 준비해

냄비에 물을 붓고 소금을 1큰술 넣어 끓여요.

Tip! 우거지를 삶을 때 베이킹 소다를 찔끔 넣으면 더 부드러워져요.

국물보따리는 멸치가루와 다시마가루, 새우가루를 커피 필터에 넣고 끈으로 묶어 만들어요. 39페이지를 참고하세요.

끓는 물에 채소를 넣고 푹푹~

삶은 채소는 집게로 건져

찬물에 헹궈

물기를 꼭 짠 다음

1cm 간격으로 잘라서

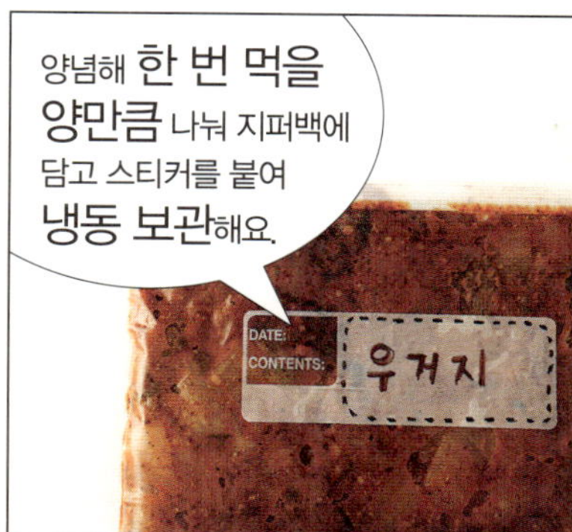
양념해 한 번 먹을 양만큼 나눠 지퍼백에 담고 스티커를 붙여 냉동 보관해요.
DATE:
CONTENTS:
우거지

봉지째 물에 담가 해동한 우거지는
우거지
우거지활용법
팬에 기름을 두르고 볶아 먹어도 OK!

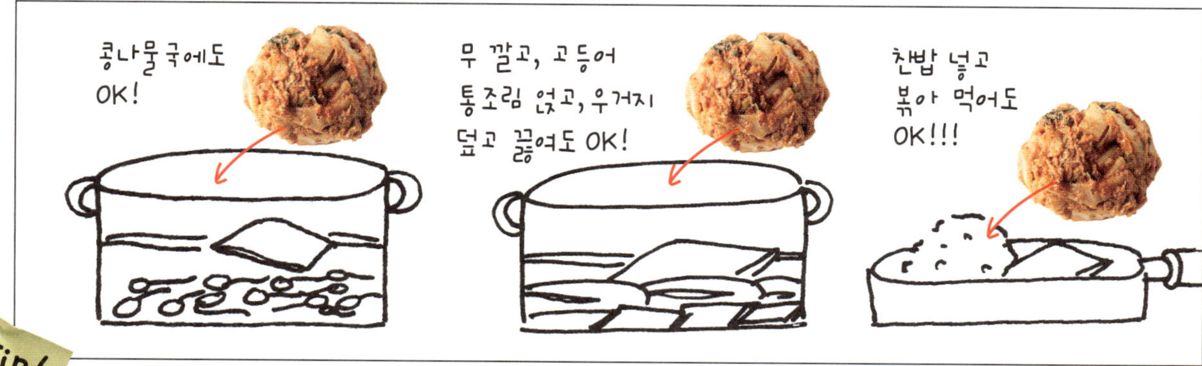
콩나물 국에도 OK!
무 깔고, 고등어 통조림 얹고, 우거지 덮고 끓여도 OK!
찬밥 넣고 볶아 먹어도 OK!!!

Tip! 냉동실에 넣어둔 우거지는 두 달 안에 먹어야 좋아요. 지퍼백에 냉동한 날짜를 적어 보관하세요.

북엇국

맥주든, 양주든 해장에는 북어가 넘버원이죠. 하지만 뽀오얀 국물 믿고
과음하지 말기! 넉넉하게 끓여두고 나머지는 비상식량으로 꽁꽁 숨겨두세요.

달걀 1개, 두부 1/4모, 파 5cm,
참기름 찔끔
국물재료 국물보따리 1개, 북어채
1/2컵, 양파 껍질·파뿌리 1개씩

냄비에 물을 붓고 국물재료 투입!

물이 끓고 10분 후
국물재료
OUT!

아까워도 다 버리고, 북어채만
따로 모아

잘게 마구마구 다지고

참기름 찔끔 넣고
조물조물~

달걀 1개 깨뜨려 넣고 쓱쓱
버무려둬요.

두부는 깍둑 썰고

파도 송송 썰어 Ready!

국물에 두부 넣고

달걀에 버무린 북어채도 넣어

우르르 끓으면
불 끄고
파 넣어요.

소금으로 간하고 후추도 찔끔!

Tip! 죽을 만들 때 밥을 국에 말아놓고 왜 2시간이나 기다리냐고요? 밥알이 물기를 완전히 먹을 때까지 기다려야 하기 때문이랍니다. 그래야 나중에 밥알이 훨씬 쉽게

한 번 할 때 2인분씩 해서 하나는 지금 먹고,
하나는 죽 만들기!

국 1그릇 + 밥 1공기 = 죽 2그릇

뚜껑 덮고 2시간 지나면

지퍼백에 넣고 이름표를 달아
냉동실로 고고씽~
북어죽
북어죽

며칠 후

봉지째 찬물에 담가 해동합니다.
북어죽

냄비에 물
2공기를 붓고
끓여요.

북어죽을 넣고 불을 약하게 줄여

눌어붙지 않도록 살살 저어가며
녹입니다.

뽀록뽀록 끓기
시작하면 불을
끄고 뚜껑 덮어
뜸 들이고

김가루와 통깨 ON, 참기름도
한 방울!

풀려요. 뚜껑만 덮어두면 되니 그동안 리포트 쓰고 오셔요~

김치뭇국

몇 조각 남지 않은 김치가 아쉬울 때가 있을 거예요. 진하고 깊은 김치 맛을 내려면
김칫국이 최고! 무까지 넣어 끓이면 건더기가 많아 더 맛있답니다.

무(채썬 것) 1컵, 김치 1/2컵,
국물보따리 1개, 파 5cm,
다진 마늘 1/2큰술

무는 살살 문질러가며 겉에
묻은 흙을 떨어내고

흠이 있는 부분만 칼로 도려내요.

아~ 개운해!

냄비에 물 붓고
국물보따리
투입.

물이 끓는 동안 무를 채치고

김치는 잘게 썰어요.

파는 송송, 마늘도 다져두세요.

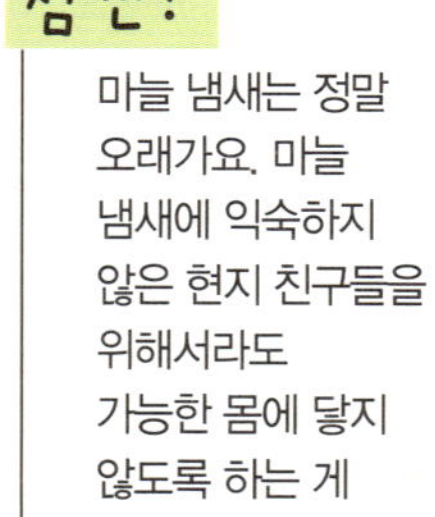

잠깐!

마늘 냄새는 정말
오래가요. 마늘
냄새에 익숙하지
않은 현지 친구들을
위해서라도
가능한 몸에 닿지
않도록 하는 게
좋겠죠?

대충 편으로
썰고

과자봉지에 넣어
콜라병이나 작은
밀대로 쾅쾅 칩니다.

국물보따리 건져내고

준비해둔 무와 김치 넣고

김치 냄새는 양초로
잡아주는 센스!

다진 마늘과 송송 썬 파 넣고 불을 끕니다.

두 그릇의 의미는? ㅋㅋㅋ

밥 한 공기 말아 뚜껑 덮고 2시간, 비상식량 고고씽~

지퍼백에 나누어 넣고 스티커를 붙여 냉동실에 쏙!
김치·무죽

며칠 후, 개운한 아침 죽으로 변신!

밥을 국에 말아 냉동하면 OH 쉽게 죽이 될까?
냉동실에서 밥알 속 국물이 얼면 자동으로 밥알이 마구 갈라진다는 사실!
밥알이 국물을 빨아들여
흐물흐물 풀어졌는데…

끓는 물에서 쉽게 풀어져
느~무 쉬운 간단 죽이 된다.

응용 찬밥이 남았다면?
그냥 물 부어서 흰쌀 죽으로!
너무 뻔뻔한 거 아냐? ㅋㅋㅋ
흰죽   흰죽

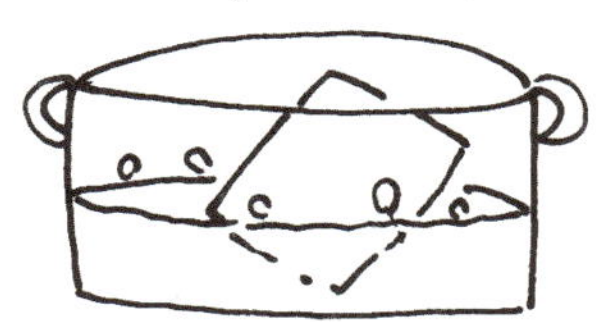

Tip!

무로 국을 끓일 때는 초록색이 도는 윗부분을 사용해야 물기가 적고 끓인 후에도 무가 쫄깃해요. 나머지 흰 부분은 기름에 볶아 먹어요.

콩나물국

요리 중에서 제일 만만해 보이지만 다루기 까다로운 것이 콩나물이에요. 뚜껑을 덮든지 열든지 둘 중 하나만 해야 맛이 비린내가 나지 않는다는 사실, 잊지 말아요!

콩나물 2컵,
국물보따리 1개,
파 5cm,
다진 마늘 1/2큰술

국물보따리를 넣고 팔팔 끓입니다.

콩나물은 깨끗이 다듬어 씻고

파는 송송, 마늘은 다져놓아요.

수고했어. 국물보따리, 안녕~

냄비에 콩나물을 넣어요.

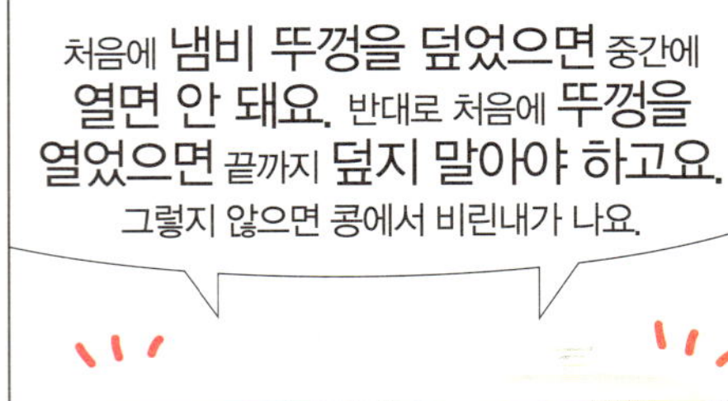

처음에 냄비 뚜껑을 덮었으면 중간에 열면 안 돼요. 반대로 처음에 뚜껑을 열었으면 끝까지 덮지 말아야 하고요.
그렇지 않으면 콩에서 비린내가 나요.

끓기 시작해 5분 정도 지나면 파와 마늘 투입해

질기고 가늘어지지 않도록 적당히 익혀

먹기 전에 새우젓과 고춧가루로 간해요.

너무 쉽다, 그러나 콩나물이 없다?!
비었다

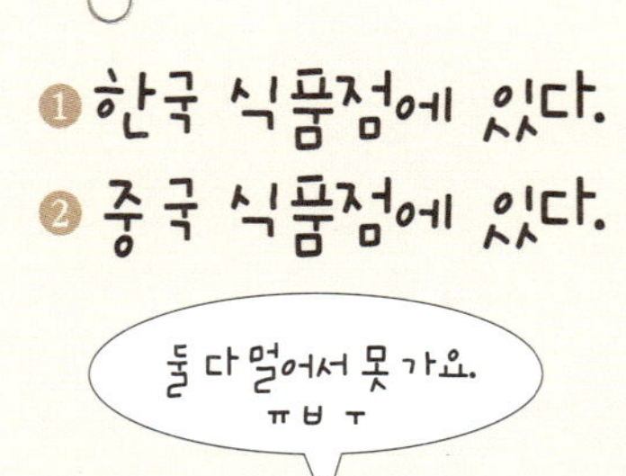

① 한국 식품점에 있다.
② 중국 식품점에 있다.
둘 다 멀어서 못 가요. ㅠㅂㅜ

캔으로 된 것도 있어요. 이미 익힌 거니까 데워서 파, 마늘 넣고 새우젓이랑 고춧가루로 간해서 먹으면 돼요.
BEAN SPROUTS

Tip! 콩나물은 껍질 하나하나 벗기려면 세월 다 가죠. 콩나물을 체에 담고 큰 볼에 물을 받아 체를 담근 다음 물 위에 뜨는 껍질만 걷어내면 쏙싹~

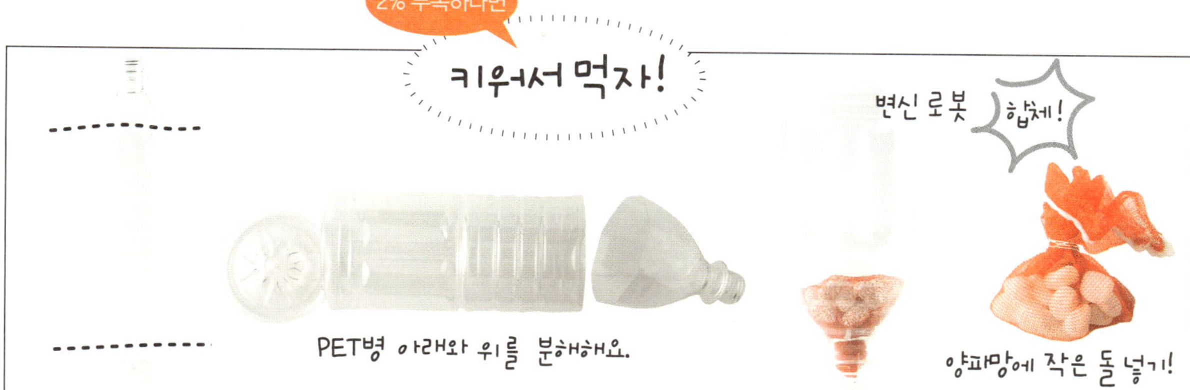

2% 부족하다면
키워서 먹자!
변신 로봇 합체!
PET병 아래와 위를 분해해요.
양파망에 작은 돌 넣기!

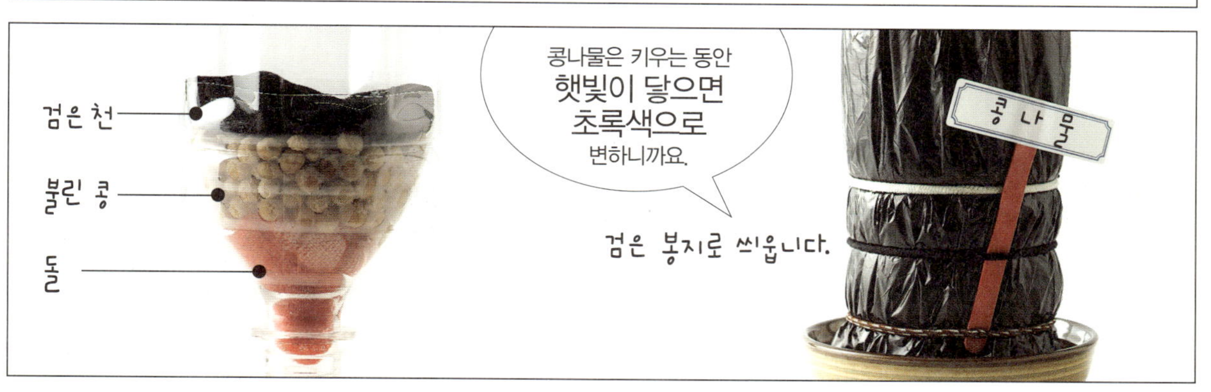

검은 천
불린 콩
돌
콩나물은 키우는 동안 햇빛이 닿으면 초록색으로 변하니까요.
검은 봉지로 씌웁니다.
콩나물

메주콩(노란콩), 서리태 (검은콩) 다 되니까 걱정 말고 여름엔 12시간, 겨울엔 24시간 물에 불려요.
싱크대 옆에 두고 시간 날 때마다 물을 줍니다.
4~5줄 정도만 쌓아

콩나물이 자라면서 검은 천을 밀고 쑥쑥 자라요.
7일쯤 지나 검은 천이 통 위로 보이면 지금이 바로 먹을 때!
콩나물

미역국

홍합으로 시원하게 국물을 낸 미역국은 해장에 최고!
이 참에 쇠고기 + 참치미역국 세트도 마스터해보자고요~

홍합미역국 홍합 2공기, 불린 미역
1컵, 물 12컵, 액젓·다진 마늘
1큰술씩, 참기름 2큰술,
간장 1/2큰술, 소금·후추 약간씩

홍합미역국
뽀오얀 국물이
해장에 딱~

해초 지푸라기는 가위로
싹둑~ 숟가락으로
저어가며 씻어서

옅은 소금물에 홍합을 데쳐요.

홍합이 입을 벌리면 꺼내어
살을 분리하고

미역은 찬물에 담가 불려서

물기를 빼고 먹기 좋게 자릅니다.

홍합 삶은
물은 필터에
걸러요.

참기름과 후추, 미역을 볶다가

초록색이 돌면 홍합 물을 부어 끓여요.

거품을 걷어내고 마늘, 액젓,
간장 넣어 한소끔

뚜껑 덮고 끓이다가 먹기 전에
홍합 살 넣고 한 번 더 바글~

탱클탱클 홍합~

Tip! 미역국은 오래 끓이는 것보다 끓이고 뜸 들이는 과정을 반복해야 깊은 맛이 부드럽게 배어나와요. 저녁에 끓여놨다가 아침에 바로 데워 먹으면 훨씬 맛있답니다.

쇠고기미역국

매일 먹어도 질리지
않는 베이식
스타일

쇠고기미역국 쇠고기(국거리) 50g,
불린 미역 1컵, 물 9컵, 다진 마늘·
액젓 1큰술씩, 참기름 2큰술,
간장 1/2큰술, 소금·후추 약간씩

소고기미역국
미역은 찬물에 불려놓고

물기를 뺀 다음 먹기 좋은 크기로 잘라요.

냄비에 고기와 참기름, 후추 넣고 살짝 볶다가

미역과 다진 마늘 넣고 초록색이 돌 때까지 달달 볶아요.

물을 붓고 센 불에서 우르르 끓으면

거품 걷어내고 중간 불로 줄였다가

뚜껑 덮고 5분쯤 끓이다가 불을 끕니다.

열기가 식으면 뚜껑 열지 말고 한 번 더 끓여요.

쉬엄쉬엄 다른 반찬 만들며 두어 번 반복!

다진 마늘과 액젓, 간장 넣고 끓이다 마지막에 소금 간해요.

풍성한
소고기!

참치미역국

참치미역국 불린 미역 1컵,
통조림 참치 1/2캔, 국물보따리 1개,
찬물 6컵, 액젓 2큰술, 참기름 1큰술,
다진 마늘 1/2큰술, 후추 1/2작은술

고소한 참치 살이
한 덩이
뚝딱!

참치미역국
미역은 찬물에 불리고

냄비에 물을 붓고 국물보따리 넣어 국물을 내요.

미역은 먹기 좋은 크기로 숭덩~

냄비에 미역과 참기름 넣고 볶다가

다진 마늘, 액젓, 후추
넣고 볶다가

초록색으로 변할 때까지 볶다가

국물 붓고 우르르 끓으면 불 줄이고

참치 넣고 또 끓으면 뚜껑 덮고

중간 불에서 5분 지나면 불 껐다가

냄비가 식으면 Last 우르르!

먹기 직전에 소금으로 간해요.

채소수프

토마토가 해장에 최고라니, 정말 신기하죠? 여기에 냉장고 속 채소를 모두
모아 씹는 맛까지 UP! 개운하게 속을 풀어보자고요~.

토마토, 감자, 당근, 셀러리 등
냉장고 속 자투리 채소 2컵,
스파게티 면 1/2, 물 9컵, 쇠고기
스톡 1/2개, 고춧가루 1작은술

냉장고 속 모든 채소 출동!
잘게 깍뚝썰기해요.

냄비에 물을 붓고 끓이다가

쇠고기 스톡과 고춧가루 넣고

감자 빼고 썰어놓은 채소
모조리 투입!

뚜껑 덮고 푹푹 삶아요.

얼추 익으면 불 끄고, 감자 으깨는 걸로
뭉개세요.

토마토 껍질은 건져내야
이에 끼지 않아요.

불을 켜고 다시 끓여요.

감자와 스파게티 면도
잘게 자르고

수프가 끓기 시작하면 감자와
스파게티 면을 넣어요.

면이 다 익으면 완성!

구운 빵을 곁들이면
아침 식사로도 좋아요.

Tip! 감자는 튀김용 냉동 링클 포테이토를 써보세요. 훨씬 고소하고 맛나다니까요!

단위
완전정복
알쏭달쏭

길이

1 인치 (in, inch) = 2.54cm

1 피트 (ft, foot/feet) = 30.48cm = 12 in = 1/3 yd

1 야드 (yd, yard) = 91.44cm

1 마일 (mi, mile) = 1,609 km

넓이

1 에이커 (acre) = 4,046m²

무게 / 질량

1 온스 (oz, ounce) = 28.3g = 16 lb

1 파운드 (lb, pound) = 453g = 16 oz

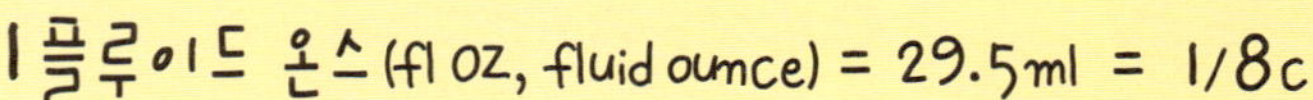

부피

1 플루이드 온스 (fl oz, fluid ounce) = 29.5ml = 1/8 c

1 컵 (c, cup) = 236ml = 8 oz

1 파인트 (pt, pint) = 473ml = 2c

1 쿼트 (qt, quart) = 946ml = 2 pt

1 갤론 (gal, gallon) = 3.78l ml = 4 qt

Egg

달걀 프라이는 지구상에서 제일 쉬운 요리처럼 보이지만,
불을 잘 다루지 못하면 터지거나 타고 눌어붙어요.
음식 만들기의 기본은 불 조절에 있다는 사실을 달걀 요리가 가르쳐줄 거예요.
달걀을 정복하면, 그 다음엔 공룡알도 삶을 수 있을걸요?

Egg

숨구멍은 위로!

달걀은 둥글납작한 부분에 숨구멍이 있어요. 이 부분을 아래로 가게 두면 달걀도 숨막히겠죠? 팩에 숨구멍이 위로 가게 넣고 뚜껑을 덮어 냉장고에 보관해요.

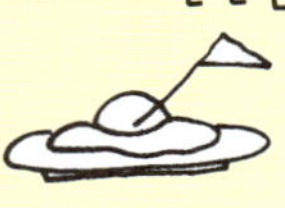

소화엔 반숙이 최고

제일 소화가 잘되는 달걀 요리는 반숙, 그다음은 완숙, 세 번째가 날달걀!

달걀 옆 접근금지

달걀은 마늘이나 양파 등 냄새가 강한 음식을 옆에 두면 쉽게 상하므로 멀리 떨어뜨려두거나 따로 보관해요. 달걀은 소중하니까요~

반숙 만들기

일단 물을 팔팔 끓여 불을 꺼요. 여기에 얼른 달걀을 넣고 뚜껑 덮고 6분 두면 반숙 완성! 참, 달걀을 냉장고에서 바로 꺼내 넣으면 깨지기 쉬우니 실온에 놔뒀다 넣으세요.

달걀은 익혀야 안전!

날것보다 익혀 먹는 것이 몸에 좋아요. 달걀 안에 살모넬라균 등 나쁜 세균이 있을지도 모르니까요.

급한 성질엔 소금

삶은 달걀은 뜨거울 땐 껍데기가 잘 안 벗겨져요. 하지만 지금 당장, 따끈하게 삶은 달걀을 먹고 싶다면 소금에 묻어두었다가 껍데기를 벗겨보세요. 후루룩 잘 까질 거예요.

달걀프라이

부엌에 한 번도 가본 적 없는 사람은 달걀프라이 하나 하기도 엄두가 안 나죠.
예쁘고 매끈한 달걀프라이 만드는 법, 차근차근 따라 해보세요~

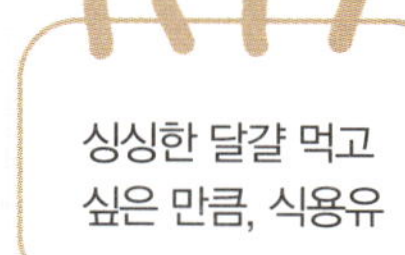

Tip! 달걀을 돌려보아 잘 돌아가면 삶은 달걀, 금방 멈추면 날달걀!

수란

'미쿡' 사람들이 아침 식사로 제일 많이 먹을 만큼 가볍고 간단한 수란.
실리콘이나 랩에 우선 익숙해져보세요.

달걀 3개,
소금 1큰술,
실리콘 용기,
랩, 실

베이식 버전
냄비에 5cm 높이로 물 붓고 소금 PLUS

물이 끓으면 달걀을 물에 조심스럽게 넣어

뚜껑을 덮고 5분 정도 있다가

구멍 난 도구로 건져냅니다.

Poached egg~

처음 들어본 말이죠? 기름이 아닌 물에서 익혀내 '수란' 이라고 부른답니다. 여행 가서 호텔 조식 코너를 잘 살펴보세요. 프라이 대신 수란이 나오는 걸 볼 수 있을 거예요. 아침 식사 때 토스트 한 조각에 곁들이면 최고!

베이식 버전
랩 버전
실리콘 버전

팬에 물을 붓고 88 끓여요.
실리콘 버전
팬에 용기째 넣어서 뚜껑 덮고 5분쯤 익히면 돼요.
실리콘 용기에 달걀을 넣고

냄비에 물을 5cm 높이로 붓고 88 끓입니다.
랩 버전
실로 묶어 랩 보따리를 만들어요.
밥공기에 랩을 깔고 달걀을 깨뜨려 넣은 다음
4~5분 익히면 못생겨도 맛은 좋은 수란 완성!

Tip! 랩으로 수란을 만들 땐 냄비 바닥에 닿지 않도록 높이를 조절해야 터지지 않아요.

삶은 달걀

배고플 때 한 끼 요깃거리도, 샐러드에 예쁘게 모양 낼 꾸미도 되는 삶은 달걀.
한 번 삶을 때 여러 개 삶아두고 출출할 때 하나씩~

달걀!

달걀보다 3cm 더 높게 찬물 투입!
3cm

소금·식초 NO!
그냥 찬물 OK~
센 불에 익히세요.

물이 '퍼럭퍼럭' 소리를 내며 끓으면 불 OFF!

재빨리 뚜껑을 덮고 불에서 내려 15분간 뜸 들인 다음

껍데기가 잘 까지도록 찬물에 담가 완전히 식히세요.

껍데기를 깔 때는 동그란 부분을 톡톡~
오우~ 난 정말 완벽한 달걀형 미인!

눕혀서 위아래로 살~살 문지르면 홀라당~

잠깐! 노른자의 짙은 녹색 띠는 OVER COOK이란 증거!

껍데기 쉽게 벗기는 법

❶ 껍데기에 금이 가도록 깨뜨려서 다시 물에 담가두세요.

❷ 식은 달걀을 물 없이 냉장고에 넣어 2시간 정도 두어도 좋아요.

Tip! 삶은 달걀은 껍데기를 벗기지 않은 상태로 물에 담그지 말고 냉장고에 넣어두면 오래오래 먹을 수 있답니다. 일주일도 끄떡없으니 먹을 만큼 넉넉히 삶아두세요.

달걀말이

예쁘게 돌돌 말기 위해선 약간의 솜씨가 필요하지만 금세 익숙해져요.
달걀물은 세 번 나누어 넣는 것이 포인트!

달걀 3개, 치즈 2장, 김 1장,
양파 1/2개, 파 1/2대,
다진 마늘·식용유 조금씩,
소금·후추·녹말가루 조금씩

달걀말이는 김발이나 쿠킹포일에 싸서 적당히 식은 다음 썰어야 훨씬 예쁘게 잘려요.

특수요원 profile

버리는 쿠킹포일 조각을 모아두었다가
프라이팬 손잡이가 쏙 들어가도록
만들어두면 프라이팬을 손으로
힘들게 들지 않고도 잘 기울일 수 있어요.
적은 양의 볶음 요리를 할 때도
쓸모 있답니다.

달걀찜

먹다 남은 자투리 채소가 있다면 우다다다 다지고, 달걀에 풀어 한 방에
쪄서 먹기! 조금 짭조름하게 간하면 밥 한 그릇 뚝딱 비울 수 있을 거예요.

양파·파·당근·버섯 등 자투리
채소 1컵, 달걀 3개, 물 1/2컵,
다진 마늘·소금 1/2작은술씩,
맛술 1작은술, 김가루 조금

있는 채소 모두 집합~
잘게잘게 써세요.

마늘과 소금, 맛술을 한데 넣고
포크로 잘 저어 Ready~
달걀 : 물 = 2 : 1

센 불에서 물을 팔팔 끓입니다.
물은 3cm 높이면 충분!
3cm

잘게 썰어 준비한
채소와 달걀물을
섞어요.

열에 강한 그릇에 담고
김가루를 뿌립니다.

찜그릇
물이 끓으면
달걀물 담은 그릇을 넣어
뚜껑 덮고 중간 불에서
10분간 찝니다.
물
찜망

찔러보아 구멍에
고이지 않으면
달걀물이
OK!

달걀찜이 잘 떨어지게 하려면…
그릇 안쪽에
식용유를 살짝
발라 코팅한 다음
달걀물을 부어도
되고
기름 맛에 예민하다면
랩으로 코팅
해도 돼요.

일석이조 공법
❶ 밥공기에 달걀찜 양념을 넣고
❷ 끓을 때 넘치지
않도록 밑에서 위로
랩을 감싼 다음
숨구멍 뽕뽕
❸ 밥 지을 때
밥솥 한쪽에 다소곳이
안쳐 밥과 함께
ON!

Tip! 찜그릇에 달걀물을 부을 땐 2cm 정도 남기고 부어야 해요. 너무 가득 차게 담으면 중간에 넘치니까요.

햄&치즈오믈렛

마트에 숨은 보물. 3분만 익히면 오믈렛이 나오는 매직 지퍼백을 찾아라!

달걀 2개, 햄·치즈 1/2컵씩,
소금·후추 약간씩

치즈와 햄은 잘게 다지고

지퍼백에 달걀 2개를
깨뜨려 넣어요.

여기에 다진 햄과
치즈, 소금,
후추를 넣은 다음

지퍼를 닫고 신나게
Shake it!

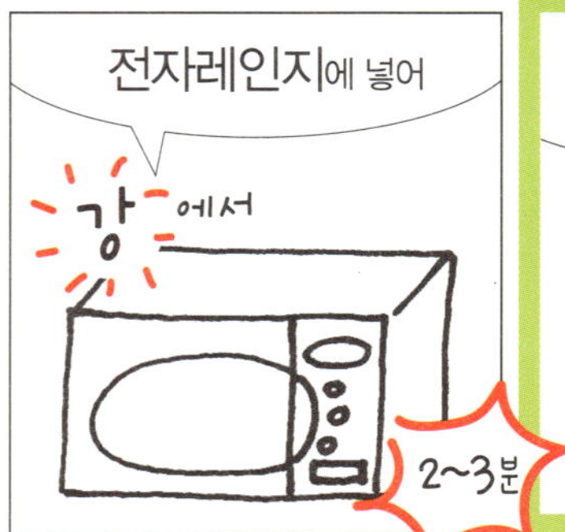

전자레인지에 넣어
강 에서
2~3분

전자레인지에서 꺼낸 후
30초 정도 뜸 들이기!

달걀장조림

배꼽시계가 계속 울릴 때, 따뜻한 밥에
달걀장조림 하나 척 얹어 먹으면 세상이 내 것!

달걀 2개 조림양념장

달군 팬에 기름을 두르고 불은
약하게 DOWN

프라이하듯 뚜껑을 덮고
2~3분 익혀

노른자가 안 보이도록 반을
접어요.

조림
양념
간장 1큰술,
양파·물엿 1/2큰술씩,
파 1작은술, 마늘
1/2작은술, 생강 찔끔,
맛국물 2큰술, 사이다
1큰술, 통후추 5알

센 불에서 간이 잘 배도록
앞뒤로 뒤집어주는 센스!

양념장이 반으로 줄면 불 끄고
다섯을 세면 완성!

달걀장조림

달걀국밥

찬밥은 있는데 반찬이 없다? 이럴 땐 간단한 국밥 한 그릇이 최고!
국물 요리에 빠지지 않는 국물보따리 만드는 법도 지금 알아두자고요~

달걀 2개, 국물보따리 1개,
자투리 채소 모아모아 1컵,
맛술 1작은술, 파 5cm,
참기름·깨소금·후추 약간씩

냄비에 물을 붓고
국물보따리
투입! 10분쯤
팔팔~

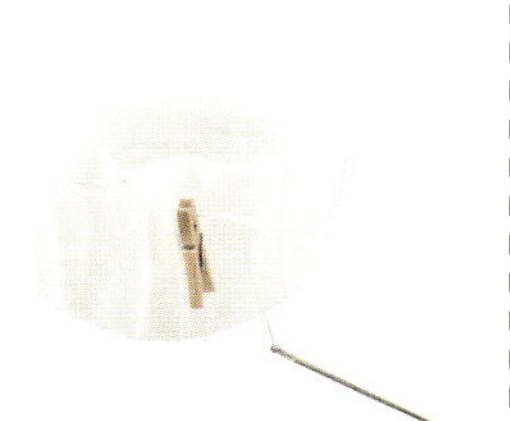

국물보따리는 멸치가루＋다시마가루＋새우가루를
커피 필터에 넣고 끈으로 묶어 만들어요.

10 minutes later

무엇이든 OK! 남은 채소와 찬밥 1공기를
한꺼번에 냄비에 넣고
한번 끓입니다.

달걀 2개＋맛술＋후추
포크로 휘적휘적~

거품은 체로 한 번씩 걷어내고

냄비에 달걀물을
체로 밭쳐
붓습니다.

달걀흰자의 알끈을
체가 끊어줘 맛이
부드러워요!
why?

익으면 송송 썰어놓은 파를 넣고 불을
끄세요. 간은 소금으로~

그릇에 담고 깨소금 조금,
참기름 찔끔!

Tip! 국물보따리는 한꺼번에 몇 개 만들어 냉동실에 넣어두고 필요할 때 하나씩 빼서 쓰면 정말 좋죠. 커피 필터의 주름을 잡아가며 꿰매면 더 예쁘게 마무리할 수 있답니다.

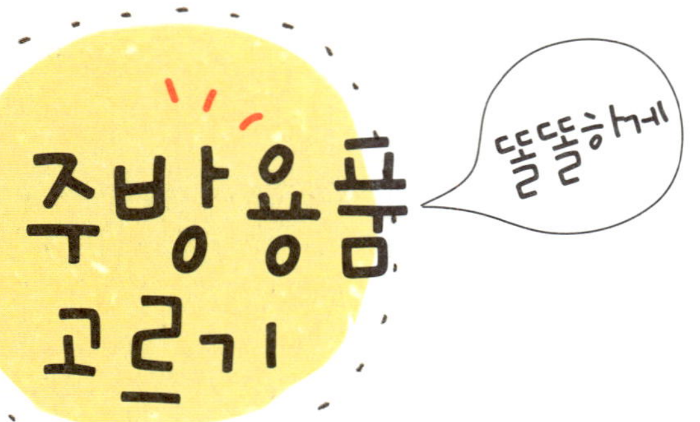
똘똘하게
주방용품
고르기

큰 것은 작은 것을 대신할 수 있어도 작은 것은 큰 것을 대신할 수 없다!

냄비

4~5인분 용으로 준비하되, 깊고 큰 소스 냄비와 손잡이 달린 냄비 등 2개 정도면 어떤 요리도 가능해요.

도마

몸집 큰 재료를 손질해야 할 때도 있으니까, 도마는 너무 작지 않은 것으로 골라요. 생선이나 고기 등 냄새 나는 식재료를 손질할 때는 유산지나 비닐봉지를 도마 위에 깔아두는 게 좋아요. 다 먹은 과자봉지를 씻어뒀다가 비닐봉지 대신 써도 OK~.

접시

혼자 살아도 조그만 1인용 접시는 NO! 가끔 뷔페식 식사처럼 근사하게 한 접시 차려 먹으려면 큰 접시는 꼭 있어야 해요.

조리도구

엄마 부엌에는 뒤집개나 나무주걱 등 신기한 물건들이 많지만, 손잡이까지 실리콘으로 되어 있는 주걱 하나면 everything gonna be all right!

Souce Pan
Souce Pan

프라이팬

코팅된 프라이팬은 초보도 다루기 쉽지만, 코팅이 벗겨지기 시작하면 애물단지가 따로 없죠. 바닥이 두꺼운 스테인리스 팬을 잘 길들이면 훨씬 오래 쓸 수 있어요. 충분히 달궈 사용하세요!

칼

수박을 썰 수 있는 정도로 큰 칼(chef's knife)과 과일을 깎는 작은 크기의 칼(paring knife) 2개면 충분해요.

vegetable

마트에 널린 게 푸성귀지만,

만날 고기에 쌈만 싸먹었다면 참 낯설 거예요.

올리브오일이나 발사믹 식초, 간장, 고춧가루 등

채소의 맛을 돋워주는 재료들은 무궁무진하니까요~

Vegetable

* 토마토는 냉장고에서

오래 보관하지 않는 게 좋아요.
먹기 직전에 차게 해서 먹어야
제 맛이 난답니다. 잘 익은 토마토는
냉동실에 넣어두었다가 꺼내면 껍질이
잘 벗겨져요.

* 김치를 담글 때

파를 많이 넣으면 시고,
마늘을 많이 넣으면 군내가 나고,
생강을 많이 넣으면 맛이 써요.
욕심내지 말고 적당히, 분량만큼만
넣으세요.

* 바나나는 실온에서

보관해야 해요. 냉장고에 넣어두면
하루도 못 가 점박이가 될 테니까요. 보관할 때는
뒤집어 엎어놓는 센스!

* 감자를 보관할 때는

검은 봉지에 담아 구멍을 내고
상온의 서늘한 곳에 두어야 해요.
중학교 때 배운 '감자싹-솔라닌'
기억하죠? 싹이 난 부분은
아깝더라도 도려내고 먹어요.
껍질 벗긴 감자는 감자가
푹 잠기도록 물을 붓고,
식초 몇 방울을 떨어뜨려
냉장고에 보관해요.
3~4일은 거뜬!

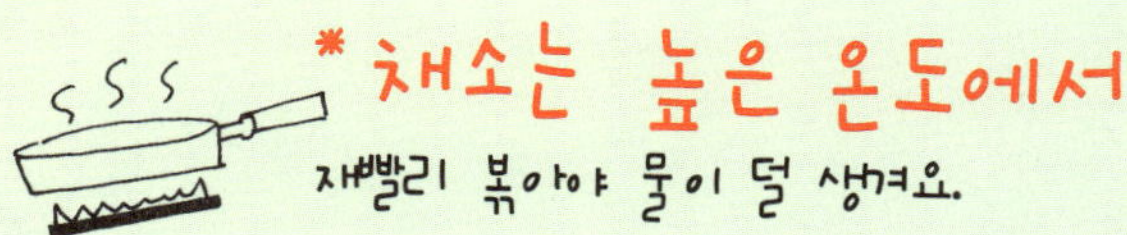

* 채소는 높은 온도에서

재빨리 볶아야 물이 덜 생겨요.

* 무를 삶을 때

쌀 한 움큼을 주머니에 담아 넣고
같이 삶으면 무의 단맛이 살아나요.

* 시금치와 상추는 세워서

뿌리를 아래쪽으로 두고 보관해야
오래도록 시들지 않아요.
페트병 윗부분을 잘라내고 담아두면
잘 넘어지지 않는답니다.

* 찌개를 끓일 때

 녹말가루를 조금 넣어보세요. 금세 식지 않고 식사가
끝날 때까지 따끈따끈한 찌개를 먹을 수 있어요.

* 부추, 완두콩은 살짝 데쳐서

지퍼백에 □ 펴서 넣고 냉동실로 직행!
귀찮다고 계속 미루면 눈깜짝할 새에
물러버리니까 조금 부지런 떨자고요.

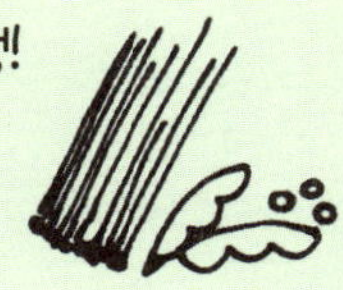

* 냉동식품은 해동하지 않고

바로 요리해야 재료가
푸석하지 않아요.

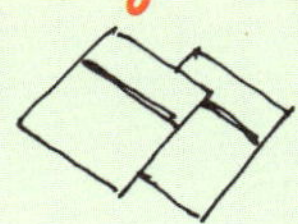

겉절이

배추 한 통이 불쑥 생겼을 때, 쌈 싸 먹고 채소가 많이 남았을 때,
한 번에 처치할 수 있는 비밀병기 겉절이!

배추겉절이 배추 1/4포기, 소금
1큰술, 파 1/2대, 청·홍고추 1개씩
겉절이양념장

배추겉절이

배추는 겉잎을
떼어내고

밑동을 칼로 자른 후 한 잎씩
떼어내

가볍게 한 번 샤워시키고

한 장씩 소금에 절여 1시간 숨죽이고

생강과 마늘은 다지고

파는 어슷하게 썰고

고추는 반으로 갈라 씨 빼고
채쳐요.

절인 배추를 헹궈
체에 밭친 다음

고춧가루 4큰술,
간장·사이다 2큰술씩,
까나리액젓·마늘·
설탕·참기름 1큰술씩,
생강 1/2큰술,
통깨 조금
겉절이
양념

배추는 손가락으로 찢거나
젓가락으로 금을 그어 찢어요.

배추에 고추, 파, 양념장을 넣고
버무려요.

Tip! 생강을 다질 땐 채썬 후 칼등으로 두드려서 다지면 쉬워요.

채소겉절이 상춧잎 4장, 미나리 약간, 콩나물 1컵, 부추 1/2움큼
간장양념장 된장양념장

채소겉절이
채소는 씻어서 체에 밭쳐요.

물이 빠지면 깻잎은 반으로 접어 4등분

상추와 미나리는 먹기 좋은 크기로

양파는 채썰고 파는 송송~

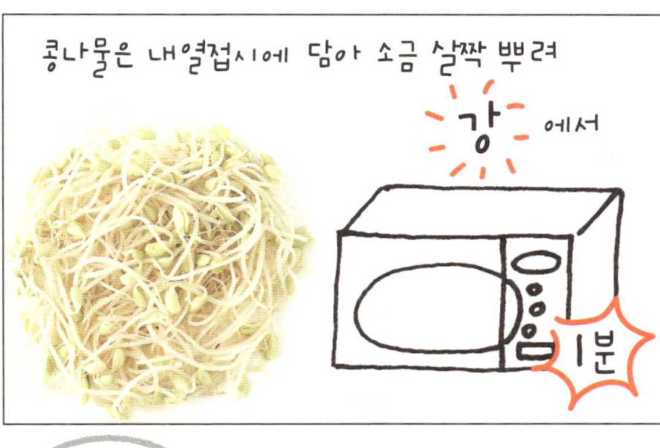
콩나물은 내열접시에 담아 소금 살짝 뿌려
강 에서
1분

부추도 한입 크기로 썰어요.

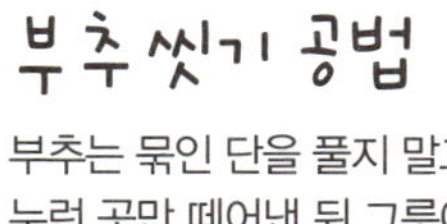

부추 씻기 공법

부추는 묶인 단을 풀지 말고 누런 곳만 떼어낸 뒤 그릇에 물을 담고 물에 구멍을 내듯 부추단을 세워 잡고 힘차게 찔러 씻으세요.

간장 2큰술, 식초·고춧가루· 참기름 1큰술씩, 다진 마늘 1/2작은술, 깨소금·설탕 약간씩
간장 양념

채소가 다치지 않게 살살 버무려요.

된장 ver.
간장 ver.

사알~살 조심조심 버무리세요.
된장 양념 된장 2큰술, 사이다· 고춧가루· 참기름 1큰술씩, 다진 마늘 1/2작은술, 깨소금· 설탕 약간씩

오리엔탈샐러드

엄마가 해준 한국식 겉절이가 미국에서 먹으니
오리엔탈 샐러드로 변신?!

드레싱 ❶ 상춧잎 5장, 시금치
1줄기, 양파 1/4개, 마늘 2쪽, 식용유
2큰술, 식빵 1조각, 라면 스프
1작은술, 메추리알 1개 달콤소스

드레싱 ❶
달콤
소스
간장 4큰술,
식초·설탕 2큰술씩,
깨소금 1큰술,
후추 조금, 올리브오일
2큰술, 소금 약간

채소는 씻어
먹기 좋은 크기로
잘라 탈수하고

양파는 채썰어 찬물에 담갔다
물기 빼고

마늘은 얇게 편 썰어

기름 두른 팬에서 노릇노릇
튀기듯 익혀

키친타월에 올려
기름을 쏙 빼요.

식빵은 테두리만 잘라 주사위
모양으로 썰고

기름 두른 팬에 볶다가 노릇해지면
불 끄고 라면 스프로 간해요.

채소와 양파,
마늘, 식빵을 넣고
드레싱과 함께
버무려요.

그릇에 예쁘게 담고 메추리알
프라이로 포인트를!

Tip! 샐러드용으로 식빵 테두리를 잘라 볶은 것을 크루통이라고 해요. 라면 스프가 없다면 소금, 후추, 설탕으로 간하세요.

드레싱 2 상춧잎 5장, 무순·
새싹채소 약간씩, 쑥갓 1줄기,
무채 1/2컵, 양파 1/4개,
메밀국수 1인분 매콤소스

드레싱 2
매콤
소스
간장 4큰술,
식초·설탕 2큰술씩,
깨소금 1큰술, 후추 조금,
참기름·고춧가루·
액젓 1큰술씩, 다진
마늘 1작은술

채소는 씻어 먹기
좋은 크기로 잘라 탈수하고

무는 가늘게 채썰고

파는 파무침보다 짧게 채썰고

양파도 채썰어 찬물에 담갔다
물기 빼고

메밀국수는 3등분해 끓는 물에
삶아서

찬물에 헹궈 체에
받쳐둬요.

볼에 국수를 담고
드레싱을 넣어
버무리고

나머지 채소를 넣고
한 번 더 살살~

그릇에 담고 김채로
장식하세요.

감자샐러드

쌀이 떨어져도 No Problem~ 감자 두 알만 있으면 한 끼 식사는
거뜬히 해결할 수 있어요!

감자 2개, 양파 1/4개,
오이 1/4개, 파프리카 1/2개,
삶은 달걀 1개, 완두콩 2큰술,
마요네즈 2큰술, 후추 약간

주인공 감자는 껍질을 벗기고

대강 썰어 물에 담가두고

채친 양파는 소금에 살짝 절여요.

오이는 칼등으로 돌기를 긁어내고

얇게 썰어 소금에 절여요.

파프리카는 반을 갈라 씨 빼고 채쳐서

기름 두르지 않은 팬에 후다닥 익혀

그릇에 담아 뜨거울 때 소금을 살짝 뿌려요.

삶은 달걀은 흰자는 칼로, 노른자는 포크로 으깨놓고요.

완두콩은 깨끗이 씻어

물에 소금을 약간 넣고 삶고
완두콩이라고 있어요.

다른 그릇에 옮기고 랩을 씌워 뜸 들이세요.

콩 삶은 냄비에 감자를 삶다가

포크로 쿡 찔러 쑥 들어가면 건져

넓은 접시에 담아 뜨거울 때
포크로 으깨요.

감자, 마요네즈, 후추를 섞고

나머지 재료 모두 넣고
버무려요.

BUT
바쁠 땐 무리지~ 전자레인지랑 더 친한 초간단 감자샐러드!
감자는 작게
썰어서
유산지에 담아
보따리 만들어
강 에서
3분

달걀 하나 깨 넣고 마구
비벼 다시 보따리 싸고
강 에서
1분
뜨거울 때 포크로
으깨고
다진 햄·피클, 치즈,
마요네즈, 소금, 후추 넣고
마구 버무리면
완성!

Tip!

감자를 물에 삶기 귀찮다면 역시 전자레인지! 잘게 잘라 내열용기에 담아 돌리는데, 1분씩 추가해가며 지켜봐야 타지 않아요.

샐러드피자

피자가 넘 먹고 싶은데 용돈이 똑 떨어졌을 때, 냉장고 채소 싹싹
모아 맛있는 피자 한 판!

쌈채소 약간씩, 양파 1/2개, 토마토 1개,
올리브오일 약간, 스파게티 소스·
피자 치즈 1/2컵, 발사믹 식초 2큰술,
소금·후추 약간씩 **토르티야 반죽**

채소는 잘 씻어 탈수해 먹기
좋은 크기로 썰고

양파는 잘게 다지고

토마토는 반을 자른 다음

키친타월에 톡톡
두드려 물기
빼면

잘게 썰어도 물기 없이 **뽀송뽀송~**

키친타월에 다시 올려서 대기!

HOW?

마켓에서 다양한 모양과 크기를
구할 수 있는 **토르티야.**
오늘은 직접 만들어보자!
준비물 → 밀가루 1컵, 올리브오일
3큰술, 물 1/2컵, 소금 약간

비닐봉지에 재료 한꺼번에 넣고

TV 보면서 **주물럭주물럭~**

대충 **섞이면**
봉지를 꼬아
냉장고로!

30분 후 봉지째 밀대로 밀면

밀가루 없이도 얇은 **토르티야 완성!**

Tip! 봉지에 밀가루 반죽을 할 때 한 손으로 봉지 위를 살짝 잡고 다른 손으로 반죽하면 가루가 날리지 않아요.

센 불에서 팬을 달구고 기름 NO !

반죽 넣고 뚜껑 덮고 불을 끕니다.

기포가 생기면 뚜껑 열고 뒤집어

올리브오일

스파게티 소스

다진 양파 순으로 올리고

피자 치즈를 골고루 뿌려요.

뚜껑을 덮고 약한 불에서 치즈를 녹이는 동안

볼에 채소와 토마토, 올리브 오일을 넣고 슬슬~

소금, 후추, 발사믹 식초 버물~

불을 끄고 접시에 옮겨 담은 후 샐러드를 얹어요.

바질 가루와 파르메산 치즈로 마무리!

파스타샐러드

냉장고에 넣어두면 며칠이고 비상식량으로 먹을 수 있으니,
정신없는 시험기간에 딱이겠죠?

파스타 2컵, 올리브오일 3큰술,
브로콜리 1컵, 양파·오이·
파프리카 1/4개씩, 블랙 올리브 3개
매콤드레싱

파스타 삶기
냄비에 물을 넉넉히 붓고 끓여요.

소금과 파스타 투입!

봉투 겉면에 삶는 시간이 나와 있으니 확인하고
7-9 min.

달라붙지 않도록 가끔 휘저어요.

하나 건져 반을 잘라봐요.

다 익었으면 체로 건져

큰 볼에 담고 뜨거울 때 올리브오일에 버무려요.

채소 준비
브로콜리는 밑동을 잘라내고

칼집을 넣어 삶기 편한 크기로 떼어

찬물에 간단히 한 번 샤워시키고

물이 끓으면 소금 한 스푼 넣고 삶아요.

색이 나면 건져서

Tip! 어떤 종류의 파스타든 하나 건져 반을 잘라보면 익었는지 알 수 있어요. 하얀 심이 보이면 덜 익은 것이니 더 익히세요.

찬물에 식힌 다음

체에 밭쳐 물기를 빼고

얇게 썰어 준비합니다.

양파는 얇게 채썰고요.

오이는 칼등으로 돌기를 긁은 후 씻는데

쓴맛 나는 다대기 오이의 끝부분은 넉넉히 잘라내세요.

얇게 썰면 오이 준비 끝!

파프리카는 씨를 빼고 얇게 채썰어요.

블랙 올리브도 얇게 썰고요.

파스타에 남아 있는 기름으로 채소를 버무리고

매콤 드레싱
소금 약간,
마늘가루·까나리액젓
1/2작은술씩,
발사믹 식초 1큰술

고춧가루로 장식하세요.

버섯볶음

훈제 연어에 곁들이는 케이퍼의 놀라운 변신! 버섯과 함께
볶으면 독특한 향 때문에 자꾸자꾸 손이 가요~

담백버전·매콤버전 모두 새송이버섯 1개, 느타리버섯
1/2줌, 팽이버섯 1/2팩, 양파 1/4개, 파 1/4대, 마늘 1쪽,
올리브오일·식용유·케이퍼 1큰술씩, 소금·후추 조금씩,
녹말물 1큰술 굴소스양념장

버섯은 더러운 부분만 떼어내고

새송이버섯은 4등분해 얇게 썰고

느타리버섯은 독립시키고

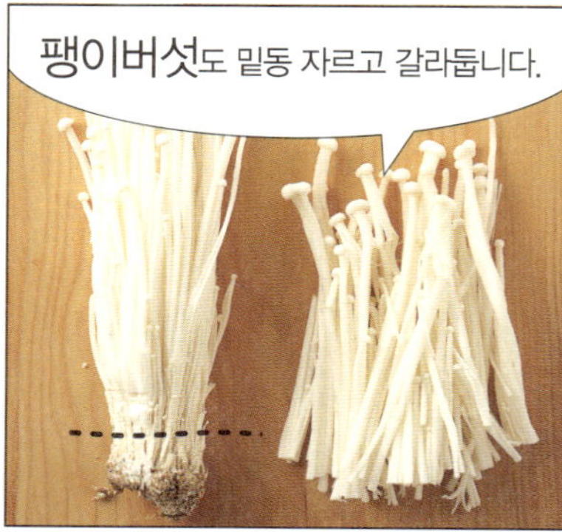

팽이버섯도 밑동 자르고 갈라둡니다.

양파는 약간 두껍게 채썰고

파는 어슷하게, 마늘은 편으로
썰어놓아요.

팬을 달궈 올리브오일과
식용유를 두르고
올리브오일:식용유=1:1

케이퍼와 양파, 마늘을 넣어요.

CAPER?

지중해 연안에서 자라는 식물의
꽃봉오리로 기름진 요리나
생선 요리에 사용하는데요,
위장의 염증이나 설사에도 효과
만점이래요.

더디 익는 새송이부터 넣고

느타리 넣고

팽이도 넣어 살짝 익히다가

Tip! 버섯은 대개 물로 씻으면 맛과 향이 변해요. 특별히 더러운 것은 잘라내고, 젖은 타월로 닦아내는 정도로만 손질하세요.

파, 소금, 후추 넣고 불을 꺼요.

담백 ver.

굴소스 양념
굴소스 3큰술,
고춧가루 1큰술,
후추 약간

녹말물을 준비하고
녹말 : 물 =1:1

팬을 달궈 식용유를 두르고 마늘과
양파부터 익히다가

새송이

느타리

팽이 순으로
볶고

굴소스를 넣고 한 번 섞어요.

녹말물은 사용 전 한 번 휘저어

약한 불에서 끼얹고 파를 넣은 다음
한 번 휘~ 저어요.

매콤 ver.

오이&미역냉국

시원하고 새콤한 무언가가 당길 때 얼음 동동 냉국, 어때요?
오이와 미역 두 가지 버전으로 마스터해봐요.

오이 1/2개, 파 1/4대,
불린 미역 1컵,
청·홍고추 약간씩
냉국양념장

식초 1큰술, 설탕 1큰술, 소금·고춧가루·마늘가루 1작은술씩, 후추·깨·참기름 약간씩
냉국양념
같은 양념에서 출발~

생수를 부어가며 간을 보세요.

오이는 분량의 절반을 얇게 썰어 소금에 약하게 절이고

파는 송송 썰어요.

물기 꽉 짠 오이와 파를 냉국에 넣으면 오이냉국 완성!

마른 미역은 찬물에 담가 불리고

나머지 오이는 채썰고 파는 송송

고추는 얇게 썰어서 준비해요.

오이냉국
미역냉국

불린 미역은 물기를 짜고 작게 잘라놓고요.

미역, 오이 파, 고추를 냉국에 투입!

Tip! 출출할 때는 냉국을 국수장국으로 응용해보세요. 소면을 삶아 메밀국수처럼 담가 먹으면 굿굿굿~

월남쌈

거창해 보이는 먼 나라 음식이지만, 사실 재료들 조르르 채썰고
소스만 곁들이면 끝! 포틀럭 파티에 자신 있게 선보이세요.

냉장고에 있는 모든 쌈재료 약간씩,
쌀국수(삶은 것) 1컵, 라이스페이퍼
10장, 참기름 약간
소스 1   소스 2   소스 3

파인애플
통조림 국물 3큰술,
까나리액젓 1큰술,
다진 청양고추·식초
1/2큰술씩, 다진 마늘·
다진 양파 약간씩
소스 1

겨자·땅콩
버터 1큰술씩,
식초·설탕 1/2큰술씩,
다진 마늘·간장·
후추 약간씩
소스 2

스리라차
소스 3큰술,
식초·설탕 1/2큰술씩,
소금·다진 마늘
약간씩
소스 3

냉장고 속 재료 싹싹 긁어다
채썰어요.

쌀국수는 찬물에 30분쯤
불려뒀다가

물이 끓으면 10초만 간단히

찬물에 헹궈 물기를 빼고

먹기 좋은 크기로 잘라 참기름
조금 넣고 버무려~

소스 뿌리고 쌈재료를 두르면 완성!

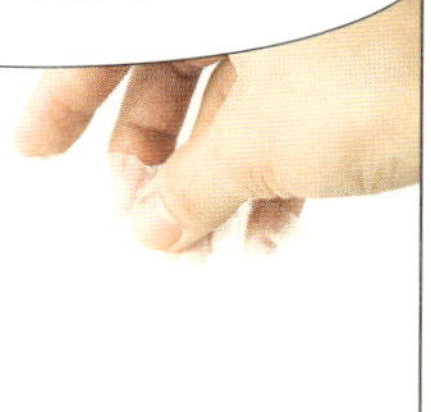

Tip!

라이스페이퍼는 따뜻한 물을
골고루 묻혀

접시에 깔고 야채와 소스 올려
동그랗게 말아 먹어요.
소스1
소스2
소스3

라이스페이퍼를 물에 너무 오래 담그면 잘 찢어져요. 말 때는 아래를 먼저 올리고 양 옆을 접어 넣어야 터지지 않는답니다.

고추장찌개

친구들이랑 여행 가서 먹었던 그때 기분을 생각하며,
오늘 저녁은 고추장찌개!

무 약간, 감자 1/2개, 호박 1/6개, 양파
1/4개, 청양고추 1/2개, 두부 1/2모,
참치 1/2캔, 파 1/4대, 다진 마늘 1/2큰술,
고춧가루 1큰술 **찌개양념장**

무는 나박나박 썰고

감자는 무보다 도톰하게

볼에 담아 고춧가루로 물들여요.

호박, 양파, 청양고추는 이렇게 썰고

두부는 길쭉하게 썰고

파는 어슷썰고 마늘은 다져요.

냄비에 식용유 두르고 무, 감자, 양파를 먼저 볶다가

양파가 투명해지면 잠길 만큼 물 붓고

뚜껑 덮어 센 불에서 끓여요.

고추장 3큰술,
간장 1큰술,
까나리액젓 1/2큰술,
후추 약간
찌개 양념

양념장 넣고 한번 끓으면 호박, 청양고추, 참치 넣고

두부 넣고
파&마늘

책상에서 공부하며 먹으면 최고!

Tip! 통조림 참치로 찌개를 끓일 땐 기름도 같이 넣어야 더 칼칼하고 고소해요.

호박부침개

왜, 꼭, 비가 오면 부침개가 먹고 싶을까요? 그것도 호박전이!
기름 넉넉히 두르고 지글지글 부쳐보아요.

호박 1/2개, 소금 1작은술,
중력분 1컵, 물 1/2컵,
달걀 1개, 식용유 2큰술, 들기름
1/2작은술 양념간장 💬

호박은 성냥개비 굵기로 채썰고

볼에 담아 소금 넣고 살짝
조물거리면

부피가 줄고 숨이 죽어요.

물을 붓고 한 번 휘~ 저어

체에 쏟아 소금물을 빼고 물기를
대강 짜요.

호박에 중력분을 넣어

젓가락으로 슬슬 섞고

달걀을 풀어 물을 미리 섞어두었다가
부어요.

달군 팬에 들기름과 식용유
넓게 두르고

약한 불에서 반죽을 붓고 익혀요.

뒤집은 뒤 중간 불에 바삭하게
익히면 완성~

양념
간장
간장·물
1큰술씩,
식초 1/2큰술,
고춧가루 약간

Tip! 전은 80%쯤 익었을 때 뒤집어야 모양이 흐트러지지 않아요. 뒤집은 다음엔 테두리에 식용유를 둘러 바삭하게 익히세요.

Cake flour

박력분이라고 부르는 이 밀가루는 단백질이 9% 이하로 들어 있어 바삭바삭한 과자나 비스킷, 촉촉한 케이크를 만들 때 사용해요.

Wheat flour Strong

우리나라에서는 강력분이라고 부르는 것이니 말 그대로 'Strong'을 기억하면 쉽겠죠? 단백질이 11% 이상 포함된 밀가루를 말하는데, 이스트와 함께 쓰면 식빵처럼 쫄깃한 빵을 만들 수 있어요.

All purpose flour

엄마가 흔히 쓰는 밀가루는 이 중력분이라고 생각하면 돼요. 단백질 함량이 10~11%인 이 밀가루는 어떤 요리에나 두루 다 쓸 수 있는데, 표백한 것(bleached)과 표백하지 않은 것(unbleached)이 있으니 잘 골라 쓰세요. 아무래도 표백하지 않은 것이 건강에 좋겠죠?

Meat

외국은 고기 천국이래요. 유학생활하는 선배들이 이구동성으로
하는 이야기죠. 한 끼 후딱 해먹어야 하는데 왠지 힘이 없다 싶으면
고기 한 덩어리 사다가 간단하게 양념해 구워 먹는다네요.
여기에 맛있게 먹는 9가지 방법이 있다면 고기 라이프가 더 즐겁겠죠?

Meat

1. Head

우리나라에선 고사 지낼 때
잘생긴 놈 하나
꼭 필요하지만, 외국에선
보기 힘든 부위예요.
그러니 패스~

2. Boston Shoulder

목심. 오븐에 통째로 구워 먹거나 스테이크를 해먹어도 좋고,
잘 다져서 소시지를 만들어 먹어도 좋아요.

3. Picnic Shoulder

앞다릿살. 비계가살 사이에
적당히 스며든 것으로 골라
구워먹으면 쫀득쫀득하고
맛있어요.

4. Hock

다리에 붙은 살을 뜻해요.
우리 식으로 말하면
'족발'쯤?

5. Loin

돼지 등심도 삼겹살 못지않게
맛있어요.
Blade End, Center Rib,
Center Loin, Sirloin 등
부위별로 육질이 다르니
조금씩 사서 맛을 비교해보세요.
참~! 다이어트에도 좋아요.

6. Tenderloin

부들부들한 안심은 탕수육
고기로 딱!

7. Rib

돼지갈비로는 베이비 립을,
그 아래 Rib Bacon과
Belly Bacon으로는 삼겹살
원츄!

8. Butt

주물럭이나 돈가스에
딱맞는다고 현영 언니가
선전하던,
바로 그 뒷다릿살이에요.

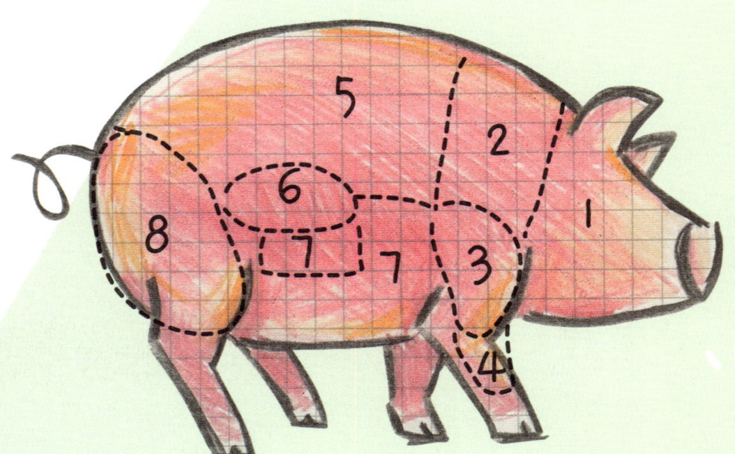

1. Chuck

목심&어깨살. 스테이크와 구이,
불고기 등 다양하게 쓰여요.

2. Brisket

양지라고 부르는 부위예요. 국이나
찌개, 스튜에 좋아요.

3. Shank

아롱사태는 오래 끓일수록 고기가
연해지는 신기한 부위예요. 기름기도
없어서 담백하니까 국, 찌개, 스튜에
맘껏 넣어 먹어요.

4. Rib

제일 뜯기 좋은 갈비살이죠.
최상급 부위는
'프라임 립'이라고 불러요.

5. Plate

소갈비 아래쪽 살로
업진살이라고 해요.
우삼겹이라고도 할 만큼 맛난
고기라 구워 먹기 좋아요.

6. Sirloin

허리고기 윗부분에 있어
서로인이라는 이름이 붙었어요.
이 부분도 맛 최고~

7. Short Loin

엉치에 가까운 허리고기예요.
쇼트로인과 서로인 모두 우리나라에선
채끝살이라 부르는데, 불고깃감으로 최고지요.

8. Tenderloin

소고기 중 제일 비싼 부위인 안심!
지방이 적고 담백해 고급 스테이크나
로스구이, 전골 맛을 내는 데 좋아요.

9. Top Sirloin 가장 좋은 등심!

10. Bottom Sirloin

얘도 질 좋은 등심!

11. Flank

갈비 아래 옆구리에 있는 얇은
고깃살이에요. 지방이 많고
육질이 질겨 오래 끓여야 맛있어요.

12 Round

우리나라에서는 우둔살과 홍두깨살로
나뉘지만 미국에서는 둥글둥글하게
라운드라고 불러요. 주물럭이나
불고기가 먹고 싶다면 이걸 고르세요.

불고기

자작하게 양념하여 입맛을 돋게 하는 불고기는 지글지글 불에 구워
밥반찬으로도 먹고, 식빵 사이에 쏙 끼워 샌드위치로도 먹고!

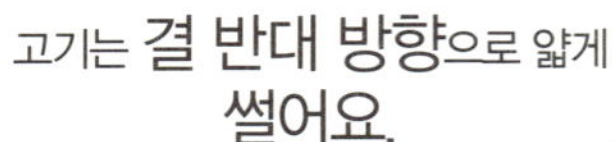

양념불고기 쇠고기
(불고깃감) 200g, 양파 1/2개,
참기름·깨 조금씩
1차 양념 2차 양념

고기는 결 반대 방향으로 얇게 썰어요.

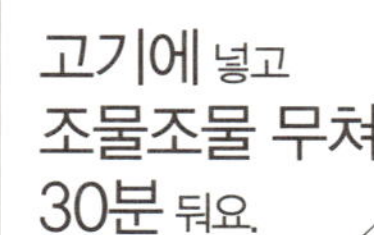

장조림처럼 쪽 찢어지는 것이 결!

포크로 콕콕 찔러 연하게 하고
포크 마사지 해요!

과일 간 것 5큰술, 청주 or 맛술 1큰술, 사이다 2큰술
1차 양념
고기에 넣고 조물조물 무쳐 30분 둬요.

WHY?

고기는 간하는 순간부터 질겨져요. 본격적으로 간하기 전 고기를 연하게 한 뒤 2차 양념에 들어갑니다.

2차 양념
간장 1큰술, 설탕 1/2큰술, 파·양파 1/4개씩, 다진 마늘 1/4작은술, 생강·후추·참기름·깨 약간씩, 와인 조금
재워둔 고기에 2차 양념을 넣고 무쳐 꼭꼭 눌러 2~3시간 둡니다.

보관하려면 양념한 고기를 지퍼백에 넣어 냉동해요.
DATE:
CONTENTS:
불고기

굽기 1
달군 팬에 채썬 양파를 깔고 고기를 볶다가
Tip!

익으면 불을 끄고 참기름과 깨를 조금씩 넣어 완성!

Tip! 음식을 지퍼백에 넣어 냉동할 때는 최대한 넓고 고르게 펴는 것이 포인트! 이렇게 하면 냉동실에 보관하기도 좋고, 해동할 때도 훨씬 편해요.

뚝배기불고기 국물보따리 1개,
양파 1/2개, 당면(불린 것) 1/2컵,
버섯 1/2컵, 청·홍고추 1/2개씩,
파(썬 것) 1/2큰술

고기는
뭐니뭐니 해도
직화로 구워야
제 맛!

굽기 ❷
달군 팬에 고기 펴서
올려 1차 애벌구이하고

석쇠에 올려 구워요.

석쇠가 없다면 알루미늄박
도시락에 구멍을 뽕뽕~
애벌구이한 고기를
얹고 약한 불에서
구워요.

국물 캬~
뚝배기불고기

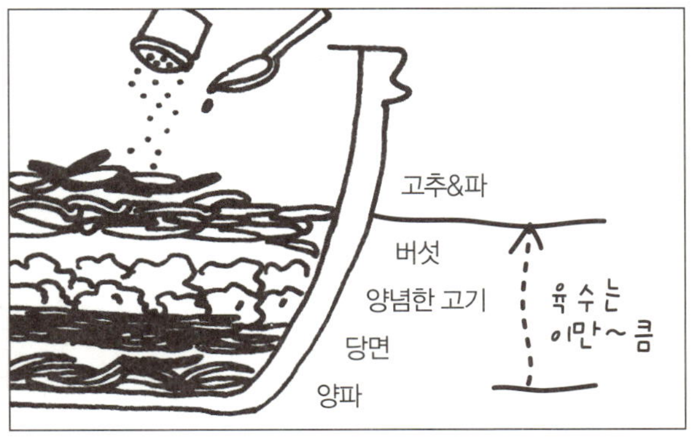

고추&파
버섯
양념한 고기
당면
양파
육수는
이만~큼

국물
보따리로
국물 내고
양파
채썰고
당면
찬물에
불리고
고기는
해동하고
버섯 독립
만세~
고추, 파
썰고
불고기

LA갈비

갈비 뜯는 맛이 그립다면, 아쉬운 대로 비프 쇼트 립(beef short lib)을
뜯어보자고요. 매운 갈비찜도 한 방에 접수!

LA갈비 갈비 600g, 양파·키위
1/4개씩, 파 1/4대, 마늘 3쪽,
저민 생강 1쪽, 물엿 1큰술, 통깨 조금
1차 양념 💬 2차 양념 💬

갈비는 불필요한 기름을 떼어내고

찬물로 가볍게 샤워해 뼛가루를 씻어냅니다.

WHY?

찬물에 담가 핏물을 빼는데,
3시간 동안 3~4번 물을 갈아요.
뼈 있는 고기는 핏물을 잘 빼야
잡내가 없고 양념도 잘배죠.

마무리 샤워 한 번 더~

키친타월에 올려 물기 빼고

1차 양념
청주·사이다
1큰술씩,
설탕 2큰술,
배주스 1/2컵

양파는 얇게 채썰고

키위는 잘게 다진 뒤

고기에 양념과
양파, 키위를 넣고
조물조물 무쳐
30분간 두어요.

2차 양념
간장 3큰술,
참기름 1큰술,
후추 1/2작은술,
와인 1/2컵

파는 어슷하게, 마늘은 편으로,
생강은 채썰고

고기에 양념과 함께 넣고 섞어
재우세요.

Tip! 고기를 재울 때 쓸 와인은 무엇이든 괜찮지만, 고기 색이 변하는 게 싫다면 화이트 와인이 딱!

매운 갈비 청양고추·마른 고추 1개씩, 당근 1/4개, 감자 1/2개, 마늘 5쪽, 양파 1/2개
매운양념장

달군 팬에 고기만 건져 센 불에서 애벌구이하여

한입 크기로 잘라둡니다.

팬에 양념만 붓고 센 불에서 졸이다 반으로 줄면

불을 줄이고 고기와 건더기를 넣고 한 번 가볍게 익힌 뒤

물엿과 통깨를 넣고 잘 섞습니다.

매운 갈비도 있다
요기까지는 똑같이 하고
매운 양념
간장·고춧가루·케첩 2큰술씩, 참기름·고추장 1큰술씩, 후추 1/2작은술, 와인 1/2컵

청양고추와 마른 고추는 잘라서 Ready~

당근과 감자는 부스러지지 않게 돌려 깎는 것이 포인트!
밤·은행은 Optional

고기를 애벌구이해서 잘라놓고

냄비에 채소와 고기 모두 다~ 넣어

20 minutes later~

삼겹살

고기가 지천으로 널린 미국이지만 삼겹살보다 맛있는 고기는
없죠. 기름진 그 맛에 흠뻑 빠져볼까요?

굽기 ❶ 삼겹살 200g, 마늘 3쪽,
양파 껍질 1개분, 녹차 팩 1개
굽기 ❷ 삼겹살 200g, 소금·후추
약간씩, 녹차 팩 1개

먹을 때는 좋지만 먹고 나면
뒤처리할 것이 너무 많은 것이
문제. 사방으로 튄
기름, 집안 가득한
연기! 냄새!!!

굽기 ❶
냄비에 물 붓고 마늘,
양파 껍질,
녹차 팩 넣어 끓이다

삼겹살을 넣어 살짝 데쳐요.

물기를 뺀 뒤 적당한 크기로 자르고

달군 팬에 올려 노릇노릇하게 구워요.

굽기 ❷
유산지 위에 삼겹살을
올리고 소금·후추·
녹차가루를 뿌린 다음

유산지를 접어 납작하게 종이
오븐을 만들어요.

달군 팬에 봉투째 뒤집어가며 굽다가

기름이 생기면 한쪽을 열고
휴지로 닦아냅니다.

키친타월에 올려 기름을 뺀 뒤
먹기 좋게 잘라요.

굽기 ❸ 삼겹살 200g,
후추 조금, 녹차 팩 3개,
화이트 와인 1컵

굽기 ❸
와인 숙성 녹차 삼겹살로
업그레이드! 핏기는 키친타월로~

칼 끝으로 살살 칼집을 넣고

후추를 골고루 뿌리고

녹차 팩을 뜯어 녹차가루를
삼겹살 위에 고루 뿌려요.

녹차가루를 뿌린 쪽이 안으로
가도록 돌돌 말아

지퍼백에 나란히 넣고 고기가 푹
잠기도록 와인을 부어요.

공기를 빼고 지퍼를 닫아 냉장고에서
하루 숙성시킵니다.

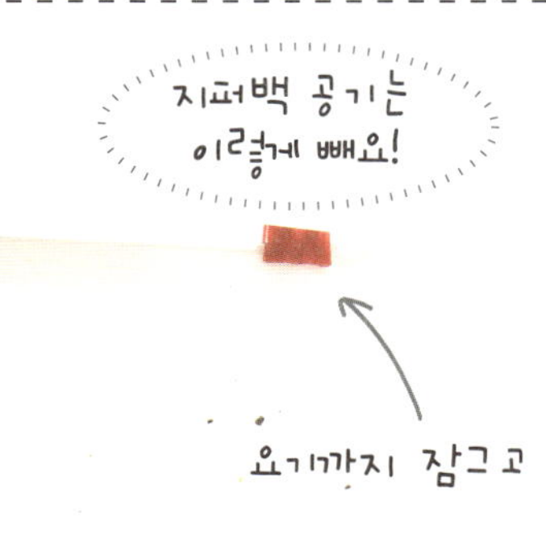

지퍼백 공기는
이렇게 빼요!
요기까지 잠그고

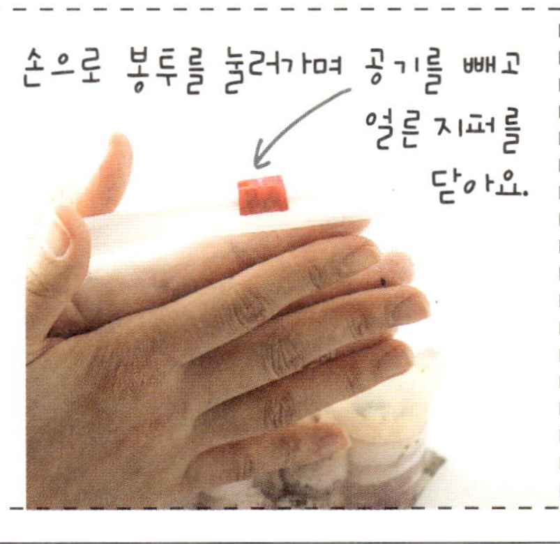

손으로 봉투를 눌러가며 공기를 빼고
얼른 지퍼를
닫아요.

삼겹살 소스 대격돌

소금+
참기름

콩가루+
간장+식초
물+설탕

머스터드+
간장+
식초+설탕+
레몬즙

된장+참기름
+깨소금+
다진 파&
마늘+설탕

양파+사과+
파인애플+
당근+마늘+
간장+올리브
오일+맛술+
식초+설탕

케첩+토마토
+고춧가루+
간장+우스터
소스+설탕+
맛술+후추

Tip! 지퍼백 안에 공기가 없어야 와인도 절약되고, 고기도 골고루 재워져요. 이렇게 재운 고기는 하루 이상 숙성시켜야 더 맛있어요.

돼지고기수육

♪할머니 보쌈이 생각나면 돼지수육 삶아 먹으면 되고~
딴따단따 따라라라~ 생각대로 고기!

삼겹살 or 목살 500g,
맥주 2캔, 된장 1큰술,
통후추 10알

고기는 음료수 캔 크기 정도의
덩어리로 준비해

키친타월로 핏물을 닦고
냄비에 담아요.

고기가 잠길 정도로 맥주를 붓고
된장 + 통후추 넣고

한번 우르르 끓으면 불을 줄여 뚜껑을
닫고 20~30분 익히다가

젓가락으로 제일 두꺼운 곳을 찔러보아
쑤~욱 잘 들어가면 OK!

키친타월로 물기를 잘 닦고
썰어 먹어요!

고기는 뜨거울 때 썰어야 최고!
고무밴드를 한 방향으로 걸어
젓가락
연결!

고깃 덩어리를 감싸듯 잡고 썰면
소림사 주방장도 울고 간다는
젓가락
공법~

식은 수육을 전자레인지에 데우면
딱딱하고 냄새만 나요.

썰지 않았다면
끓는 물에
데치고
Must 생강+커피!
썰어놓은 상태라면 냄비에
찜기&유산지를
깔고 쪄내요.

Tip!
고기를 처음 삶을 때는 뚜껑을 열고 끓여야 알코올과 함께 누린내가 날아가요.

마파두부

왠지 비싸 보이는 일품요리지만, 허무할 정도로 얼렁뚱땅
콘셉트라는 말씀! 마파두부덮밥 먹고 니하오~

돼지고기 간 것(안심 or 등심) 100g, 두부 1모,
마늘 2쪽, 양파 1/4개, 청양고추·마른 고추 1개씩,
당근·버섯(썬 것)·고춧가루 2큰술씩, 식용유 3큰술,
녹말물 2큰술, 후추 조금 **마파두부소스**

두부는 단단한 놈으로 **깍뚝썰어**

끓는 물에 소금을
약간 넣고 데쳐

물기를 쪽 **빼요.**

양파와 **마늘**은 **돼지고기**만큼
잘게 **다지고**

청양고추와 **마른 고추**는 씨를
빼고 **잘게잘게~**

당근과 **버섯**도 미니 사이즈로!

달군 팬에 **고춧가루**와 **식용유**를
넣어 잘 섞은 다음

두부를 뺀 **나머지 재료**를 넣고
함께 볶다가

마파두부
소스
물 1컵,
두반장 1큰술,
굴소스·간장
1작은술씩

보글보글 끓으면 두부 넣고
조심조심 **젓다가**

약한 불로 줄여 녹말물과 후추를
넣고 가볍게 **저어요.**

Tip! 재료는 모두 작게, 비슷한 크기로 자르는 것이 포인트! 덩어리가 크면 두부 모양을 망가뜨리기 때문이에요.

닭백숙

미국의 끔찍한 더위도 닭 한 마리 통째로 삶아
후후 불며 먹다 보면 한 방에 KO~

통닭 1마리, 소주 or 화이트 와인
1/4컵 **향채** 마늘 10쪽, 통후추
10알, 저민 생강 1쪽, 파뿌리 10cm,
녹차 팩 1개, 파(썬 것) 1큰술

닭은 찬물에 1시간쯤 담가
핏물을 빼고

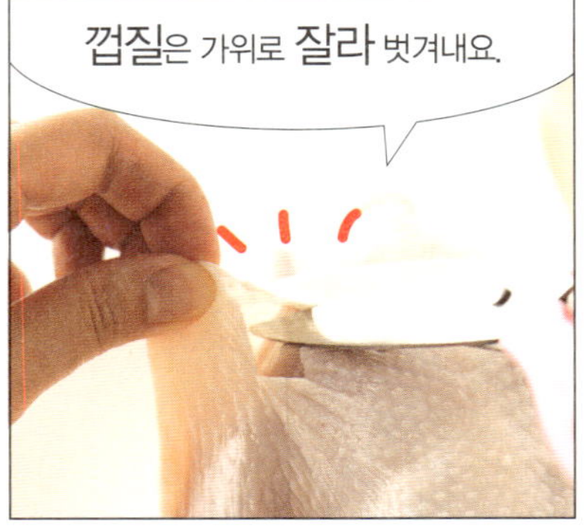

껍질은 가위로 잘라 벗겨내요.

소주나 화이트
와인을 뿌려 10분
재워뒀다가 건져서

닭이 잠길 만큼 물을 붓고
향채류 넣어서
녹차팩
생강
마늘
통후추
파뿌리

한번 끓으면 향채류 건져내고
약한 불에서 2시간 익혀요.

가끔 떠오르는
거품과 기름을
걷어내고

물을 보충하며
은근히 끓여야
타지 않아요.
PYREX

소금 + 송송 파로 마무리~

찹쌀은 물에 불려 빻아놓고

닭육수 2공기와 밥, 찹쌀가루를
넣어

약한 불에서 끓이면 **닭죽**도
뚝 딱~

Tip! 찹쌀이 없다면 멥쌀을 빻아 넣어도 괜찮아요.

닭다리볶음탕

기말고사 끝나고 친구들과 벌이는 파티엔 매콤한 닭볶음탕이
최고 인기 메뉴!

닭다리 6개, 대파 10cm, 생강 조금,
당근·양파 1/4개씩, 감자 1/2개,
청양고추 1개, 참기름·소금 조금씩
볶음양념장

닭다리는 찬물에 샤워시키고

포크로 콕콕콕~

고기가 잠기게 물을 붓고 대파, 생강을
넣어 센 불에서 끓여요.

당근, 감자, 양파는 큼직하게 썰고

청양고추는 어슷썰어

볶음
양념장
고춧가루·
간장 2큰술씩,
설탕·맛술
1큰술씩, 다진 마늘
1/2작은술

한번 우르르 끓으면 향채를 건지고
거품과 기름을 걷어내요.

양념 넣고 한번 휘휘 섞은 다음

채소류
몽땅 넣고

채소가 잠길 만큼
물을 더 붓고
끓여요.

감자가 익으면 파와 참기름 넣고
소금으로 간하세요.

Tip! 매운 것이 싫다면 청양고추는 빼도 좋아요.

소시지케밥

앞마당에 벌인 바비큐 파티, 꼬치에 소시지랑
채소 조르르 꿰어 케밥만 준비해도 한 끼가 든든!

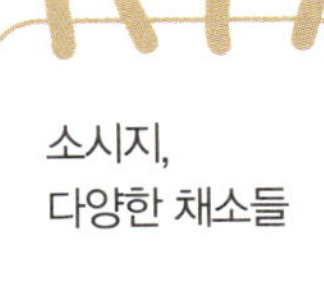

 양파나 마늘의 알싸한 향이 싫다면 꼬치에 꿰기 전 전자레인지에서 1분 정도 익혀주세요.

베이컨볶음

가장 미국적인 식재료인 베이컨도 이렇게 볶으면
우리 입맛에 착착~ 빵에도 밥에도 찰떡궁합이라니까요?!

베이컨&달걀 베이컨 4장, 다진 양파 1/4개, 달걀 1개,
후추·소금 조금씩
베이컨&고추장 베이컨 8장, 양파 1/2개, 당근 1/4개,
다진 마늘 1작은술, 파 1큰술 고추장양념

베이컨&달걀
베이컨은 먹기 좋은 크기로 자르고

달군 팬에 볶아요.

기름기가 돌면 다진 양파를 볶다가

불을 끄고 달걀을 넣어 버무립니다.

후추와 소금으로 간해요.

베이컨&고추장
베이컨을 큼지막하게 잘라

달군 팬에 볶다가

채썰어둔 양파, 당근, 마늘, 파를 볶아요.

고추장양념
고추장 2큰술, 후추·설탕 1/2작은술씩

채소가 익으면 불을 끄고 양념을 넣어 버무립니다.

Tip! 베이컨은 기름기가 많아요. 팬에 기름을 두르지 말고 볶으세요.

우유
너무 많아~
알고 마시자!

Whole milk 지방이 3.5% 함유된 일반 우유

Low fat milk 지방 함유량 1~2%인 저지방 우유

No fat or Skim milk 무지방 우유

Unsalted butter 냉동실에 보관하는 무염 버터

Salted butter 매일 먹는 가염 버터

Butter milk 걸쭉한 텍스처에 약간 신맛이 나는 우유

Heavy cream 휘핑 크림

Sour cream 헤비 크림에 젓산을 넣어 발효한 것

Condensed milk 연유

Evaporated milk 무가당 연유

Fish

단백질을 보충한다고 만날 고기만 먹으면 안 돼요.
공부하는 학생인 만큼 뇌에 좋은 생선은 필수니까요. 날생선의 미끈한 몸과
비릿한 냄새가 싫다면 통조림으로 된 생선부터
시작해도 괜찮아요. 익숙해지면 알탕도, 핫바도 식은 죽 먹기!

Fish

START!!

생선의 지느러미는 아무리
깨끗이 씻어도 비린내가 남아 있어요.
요리하기 전 꼭 잘라내세요.

아가미를 자르고 턱 아랫부분에
가윗집을 넣어 대가리를 잡아당기면
내장이 한 번에 따라나오지만, 손으로
안쪽까지 한 번 더 훑어내고 씻어요.
그래야 나머지 핏물도 쏙 빠져요.

레몬즙을 뿌리면 비린내도
줄어들고, 살이 단단해져요.

생선구이를 할 때는 녹말가루를 살짝
입혀 구워요. 살이 흐트러지지 않아
보기에도 좋고, 굽기도 쉽답니다.
녹말가루에 녹차가루를 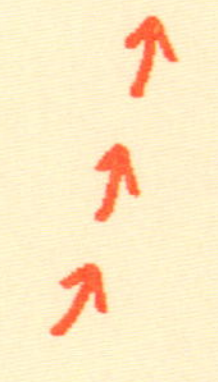 섞으면
색도 예쁘고 웰빙 지수도 업업업!

소금, 후추, 청주, 생강도 비린내
잡는 만능 해결사!

생선에 소금을 뿌렸으면
채반에 올려둬야 해요.
접시에 두면 물이 고여
비린내가 더 나요.

굽기 전에 등에 칼집을 넣으면
껍질이 오그라들지 않아요. 반으로
가른 생선을 구울 때는 껍질 쪽부터!

조림을 할 때도 녹말옷을 입혀 한
번 애벌구이하여 조리면 양념장
안에서 생선 살이 흐트러지는 것을
막아줘요.

*** 생선은 must 냉동!**

금방 먹으려고 냉장실에
넣어뒀는데, 갑자기
리포트 폭탄이 떨어지면
까맣게 잊게 되죠.
사자마자 오늘 먹을 분량만 남겨놓고
냉동실로 고고씽~

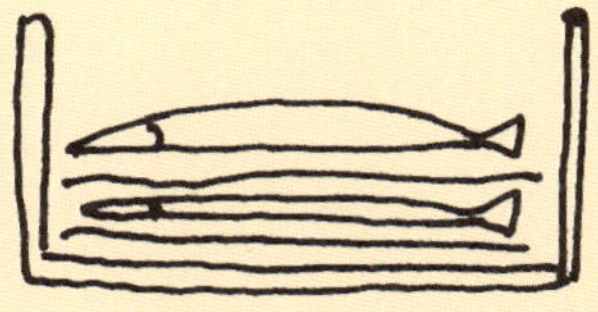

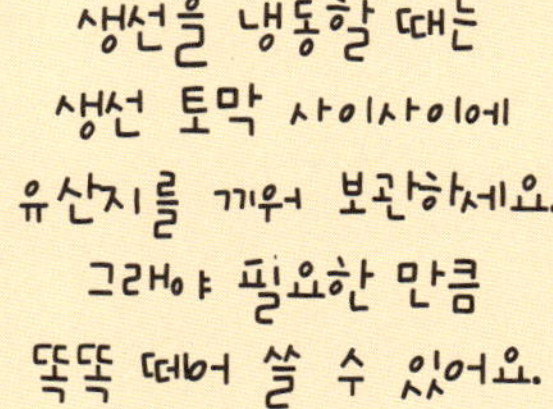

생선을 냉동할 때는
생선 토막 사이사이에
유산지를 끼워 보관하세요.
그래야 필요한 만큼
똑똑 떼어 쓸 수 있어요.

고등어간장조림

공부하다 잘 안 풀리면 머리 좋아지는 고등어로
뇌에 영양을 듬뿍~

고등어 2토막,
저민 생강 2쪽,
파 5cm, 기름 1큰술
조림양념장 💬

찬물에 샤워시킨 고등어는
물기를 닦고

껍질에 어슷하게 칼집을 넣은 다음
썰어둬요.

생강은 편으로, 파는 큼지막하게 썰고

달군 팬에 기름을 넣고 생강을
볶아 향을 내다가
갈색이 되면
꺼내요.

고등어는 껍질 쪽부터
익히다가

뒤집어 또 2분 익히고

간장 2큰술,
맛술·사이다 3큰술씩,
설탕·생강·물엿·
다진 마늘 1큰술씩,
참기름·식초
1작은술씩
조림
양념

소스 붓고 센 불에서 한번 후다닥~

생선 한 번 뒤집고 파 넣고 뚜껑 덮어
약한 불에서 조려요.

뚜껑 열고 센 불로 수분 잠깐 날리고

불 끄고 참기름으로
마무리~

Tip! 고등어를 조릴 때는 센 불에서 뚜껑 덮지 않고 확 익혀야 비린내가 날아가요.

고등어무조림

생선조림엔 무가 찰떡궁합이죠.
양념 쏙 밴 무는 도톰하게 썰어야 제 맛이랍니다.

고등어 2토막, 무 5cm, 국물보따리 1개,
고춧가루·간장 1큰술씩, 대파 1/4대,
청주 1/4컵, 양파 1/4개, 청양고추 1/2개
조림양념장

고등어는 깨끗이 씻어 물기를 빼고

무는 도톰하게 썰어요.

물 3컵에 국물보따리로 국물 내고

고춧가루, 무, 간장, 대파 넣고
한번 우르르 끓인 뒤

고등어 투입!

먹다 남은 청주로 비린내 잡고

센 불에서 후다닥 끓여요.

양파, 대파, 청양고추는 썰고

다진 마늘·
액젓 1큰술씩,
고춧가루 3큰술,
맛술·간장
2큰술씩
조림
양념

중간 불로 줄이고 양념과
채소를 넣어요.

국물이 자작하게 졸아들면 완성!

Tip! 생선은 뒤집지 말고 숟가락으로 양념을 끼얹어가며 익혀야 살이 부스러지지 않아요.

고등어통조림양념구이

사실, 고등어 사다 손질하려면 힘들죠. 이럴 땐 통조림으로
간편하게 요리해보세요.

고등어(통조림) 1토막,
파 5cm, 마늘 2작은술,
식용유 1큰술, 통깨 조금
구이양념장

통조림 뚜껑을
반만 따서 국물을
쪽 따라내고

접시에 조심스럽게 쏟아서

큰 덩어리는 반을 나눠요.

파는 송송, 마늘은 다지고
고추장·
물엿 1/2큰술씩,
고춧가루·물엿 1큰술씩,
참기름·다진 마늘 1작은술씩,
생강가루·후추
약간씩
구이
양념

유산지에 고등어를 올리고

양념을 골고루 바르세요.

고등어 주변에
식용유를 두르고

유산지를 접어 종이 오븐을 만듭니다.

달군 팬에 올려 지글지글 구워요.
Tip!

유산지를 열고 송송 파와
통깨로 마무리~

통조림 고등어는 이미 익은 상태이므로 양념이 익을 때까지 2~3분만 구우면 충분해요.

갈치조림

팔딱팔딱 은갈치 한 마리면 밥상이 화려해져요.
어제는 오븐에 구워 먹었으니 오늘은 조림으로 해볼까요?

갈치 1마리, 감자 1개, 파 1/2대,
청양고추·홍고추 1개씩,
마늘 2작은술, 식용유·소금 약간씩
조림양념장

갈치는 찬물에 샤워시켜
물기를 빼고

망 위에 올려 소금을 뿌려둬요.

감자는 굵직하게, 파도 큼직하게~

고추는 어슷하게 썰고 마늘도
다집니다.

조림
양념
간장·액젓·
고춧가루·맛술 2큰술씩,
다진 마늘 1큰술,
생강가루·설탕 1작은술씩,
후추 약간
물 3컵

팬에 식용유를 두르고 감자를
살짝 볶다가

소금에 절인 갈치를 올리고

양념장을 부어 센 불에서 끓여요.

숟가락으로 양념을 끼얹으며
익히다가

뚜껑 덮고 중간 불에서 3분간
뜸 들이고

고추, 파, 참기름 넣고 불을 꺼요.

깨 뿌려 완성!

Tip! 갈치처럼 비늘이 얇은 생선은 미리 소금을 뿌려 절여둬야 살이 탱글탱글합니다.

생태지리

생선회를 먹은 다음 나오는 맑은탕을 지리라고 하지요.
싱싱한 생태를 사왔다면 시원하게 지리로 끓여보세요.

생태 2토막, 생강가루·액젓 1작은술씩, 무 5cm, 미나리
1줌, 홍고추·청양고추 1개씩, 대파 5cm, 다진 마늘 2큰술,
맛술 1큰술 고추냉이간장 국물재료 찬물 10컵,
국물보따리 1개, 양파 껍질 1개분, 파뿌리 10cm

비린내의 주범! 지느러미와 꼬리는
가위로 자르고

칼등으로 비늘을 긁어내요.

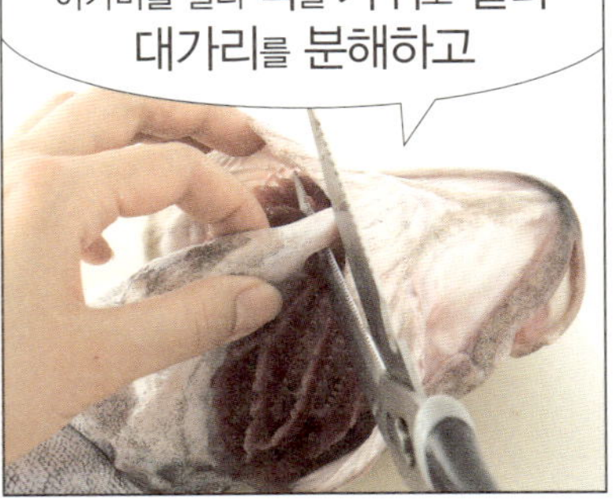

아가미를 벌려 턱을 가위로 잘라
대가리를 분해하고

소금물에 흔들어 씻어 체에
밭칩니다.

국물 내기
국물재료를
넣고 끓이다가
5분 후

생태를 체에 넣은 채 담가 뜨거운
물로 살짝 코팅해줘요.

10분쯤 끓었으면
생태 대가리와
생강가루, 액젓
넣고 한소끔~

채소류는 이렇게 준비하세요.

생태와 무, 다진 마늘, 맛술
넣고 한소끔 끓이고

대파와 고추 넣고 또 한소끔
Tip!

소금과 후추로 간하고
미나리 넣고 불을 끕니다.

고추냉이 간장에 찍어 드세요~
고추냉이
간장
간장·생태육수
1큰술씩,
고추냉이
1/2작은술

생선 대가리를 분해하면 그 아래로 내장이 대부분 딸려 나와요. 손을 넣어 한 번 더 말끔하게 꺼낸 다음 소금물에 헹구세요.

생태매운탕

깔끔한 지리도 좋지만 생선은 역시 매콤하게 끓여야 맛있죠.
내장과 고니를 넣으면 훨씬 깊은 맛을 낼 수 있어요.

생태 2토막, 내장·알·고니 취향껏, 무 1/4개,
두부 1/2모, 미나리 1컵, 대파 1/4대,
청·홍고추 1개씩, 콩나물 1컵, 다진 마늘 2큰술,
생강가루 1큰술 매운탕양념장

생태와 내장, 알, 고니는 옅은
소금물에 흔들어 씻고

무와 두부는 납작하게 썰고

미나리, 대파, 고추도
각각 써세요.

콩나물은 깨끗이 씻어두고요.

찬물에 무, 알, 내장, 고니를 넣고

맛술·액젓
1큰술씩,
된장 1/2큰술,
고춧가루 2큰술
매운탕
양념

양념 넣고 한소끔 끓이다가

생태와 콩나물 넣고 다시 한소끔

다진 마늘과 생강가루,
고추 풍덩~

거품 걷어가며 깨끗하게 끓여

소금으로 간
한 다음 두부,
대파, 미나리
넣고 불 끄세요.

Tip! 내장·고니·알은 찬물에서부터, 생태는 끓을 때 넣어 익혀요!

흰살생선구이

생선전은 명절 전용 음식? 식빵가루에 견과류 다져 입히면
생선가스 부럽지 않은 고소한 영양 간식으로 변신!

동태살 2덩어리, 식빵 1조각,
아몬드·호두 1큰술씩,
소금·후추·마요네즈 약간씩,
식용유 2큰술

흐르는 물에 간단히 샤워시키고

키친타월에 올려 물기를 뺄 동안

식빵은 잘게 뜯고 아몬드와
호두는 다져두세요.

생선을 소금과 후추로 밑간하고

마요네즈를 한 면에만 골고루
바릅니다.

빵가루 + 견과류에 마요네즈 바른
쪽을 덮어 꾹꾹 눌러 묻히고

다른 면에 마요네즈 바르고
뒤집어 가루를 묻혀요.

유산지에 생선을 올리고 주위에
식용유를 두른 뒤

유산지를 접어 종이 오븐을 만든 다음

팬이 달궈지면 종이 오븐을 올리고
중간 불에서 익힙니다.

한 면이 익으면 뒤집어서
마저 익히세요.

허니머스터드 or 타르타르 소스

Tip! 생선은 봉투를 열고 뒤집어 마저 익혀야 바삭바삭해요.

핸드메이드 어묵

엄마랑 시장 가서 먹던 핫바가 그리울 때, 냉동실을 뒤져 나온
해물을 우다다다 다지기부터 시작!

흰살 생선·새우 등 해물 600g,
다진 당근·청양고추 2큰술씩,
다진 파·깻잎 1큰술씩, 식용유 1/2컵
어묵양념

새우나 흰살 생선, 냉동 해물을
다양하게 준비하고

채소류는 잘게 썰어요.

해물을 잘게
다진 다음

다진 채소
넣고 계속 충분히
다져요.

녹말가루 1컵,
맛술·설탕 1큰술씩,
달걀흰자 1개,
생강가루·마늘가루
1작은술씩, 소금·
후추 약간씩
어묵
양념

비닐봉투에 넣고 잘 반죽한 다음

냉장고에서
30분간
숙성시켜요.

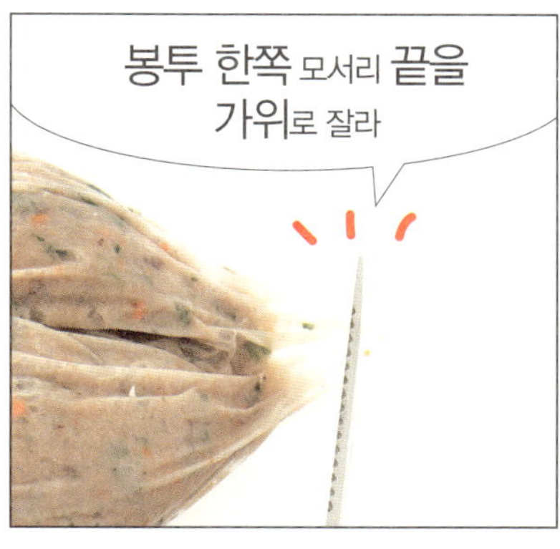

봉투 한쪽 모서리 끝을
가위로 잘라

팬의 한쪽에만 반죽을 짠 다음
출입금지

다른 쪽에 기름을 넉넉히 두르고
약한 불로 달굽니다.

달궈진 기름을 반죽 위에 끼얹어
애벌 굽고

기름으로 풍덩~ 노릇하게 튀겨내세요.

Tip! 생선 다지기가 만만치 않을 거예요. 믹서 같은 다지기 기구가 있다면 활용해보세요.

알탕

탱글탱글한 알이 입 안에서 톡톡 터지는 이 맛! 집 나간 입맛 찾는 데는
알탕이 최고예요~

명란 200g, 고니 100g,
콩나물·미나리 1컵씩,
무 1/4개, 고추 1개,
대파 1/4대 알탕양념장

명란은 검은 막을 떼어내며 씻고

고니는 옅은 소금물에 씻어 건져요.

콩나물은 체에 밭쳐 샤워시키고

무는 나박나박, 미나리는 4cm
길이로 썰고

고추와 대파는 어슷하게 썰어요.

냄비에 무와 콩나물 올리고

명란과 고니를 얹고 찬물 5컵을 부어

센 불에서 거품 걷어가며 끓입니다.

고추장·
다진 마늘·맛술·
액젓 1큰술씩,
고춧가루 2큰술,
생강가루 1작은술
알탕
양념

팔팔 끓으면 양념을 넣고
중간 불로 줄여요.

고추, 파, 미나리를 넣고 한소끔 끓인
다음 소금 간하고 불을 끕니다.

Tip! 명란은 찬물부터 넣고 끓여야 속까지 잘 익고 맛도 좋아요.

Side Dish

낯선 곳에서 영어도 파고, 리포트도 꼼꼼히 작성하려면
밥 챙겨 먹는 게 버거울 때도 있을 거예요. 이럴 땐 대비해 밑반찬 한두 가지는
냉장고에 늘 준비해두어야 해요.
매콤한 오징어채와 바삭 달달 잔멸치볶음은 진짜 강추!

콩자반

땅에서 나는 음식 중 제일로 영양가 높은 콩. 콩은 싫어해도
콩자반은 매일 한 숟가락씩 먹어요~

메주콩콩자반 메주콩 1컵, 간장 4큰술,
액젓·설탕·식용유·맛술·통깨·가루꿀·
물엿·호두(잘게 자른 것) 1큰술씩, 물 1컵

메주콩 콩자반
쟁반에 콩을
펼쳐놓고 돌을
골라낸 다음

깨끗이 씻어 찬물에 담가 불려요.

냉장고에 넣고 24시간이면 충분!

주름 없이 탱탱하게
불었으면

체에 밭쳐 물을 따라냅니다.

팬에 식용유를 두르고 불린 콩을
넣고 볶아요.

콩과 기름만 남을 때까지
계속 저어가며 볶다가

맛술 넣고 콩비린내 날아가도록
휘리릭~

간장과 액젓으로 간하고

물과 설탕, 가루꿀, 물엿 넣고
조려요.

식은 다음 통깨와 호두 넣고 마무리~

담백 ver.

Tip! 콩을 팬에 볶을 때는 '빠닥' 소리가 날 때까지 볶아요. 오래 볶을수록 맛있답니다.

서리태콩자반 서리태 1컵,
간장 1/2컵, 설탕·물엿·가루꿀
2큰술씩, 참기름·통깨 1큰술씩

서리태콩자반
우지직 돌
골라내고

여러 번 깨끗이 씻어

찬물에 담가 24시간 냉장고에서
자장자장~

매끈매끈 탱탱하게
불었으면

냄비에 콩이 잠기도록
불린 물 붓고

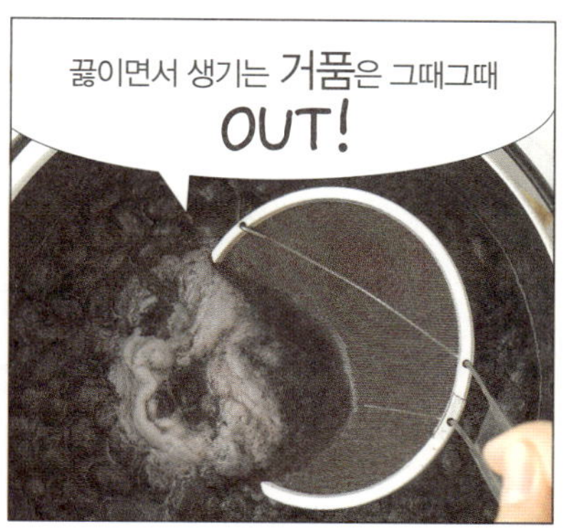

끓이면서 생기는 거품은 그때그때
OUT!

간장을 넣고 계속 끓이다가
콩이 보이면

설탕과 물엿, 가루꿀 넣고
계속 조려요.

타지 않게 잘 저어가며
중간 불에서 보글보글~

물이 거의 졸아들면 센 불로 한 번
우르르 끓여

불 끈 다음 식으면
참기름과 통깨로 마무리~

짭짤 ver.

잔멸치볶음

바삭하게 볶아 만드는 밥도둑 멸치 반찬, 그것도 한꺼번에
달콤 vs. 매콤 버전 두 가지 맛을?

잔멸치 1컵, 식용유 2큰술,
다진 땅콩·호두·통깨 1큰술씩
달콤양념장 ●● 매콤양념장 ●●

불 켜지 않은 팬에 **잔멸치**와
식용유 넣고

조물조물 주물러 기름을
배게 한 다음

불 켜고 **센 불**에서 볶다가
색이 변하면 바로!

키친타월에 쏟아 **수분**과 **기름기**
모두 빼요.

달콤
양념
간장·
설탕(가루꿀)·
물엿·물 1큰술씩,
생강가루
1/2작은술

팬에 **양념** 넣고 한 번 바르르 끓으면

멸치를 넣고 **중간 불**에서 볶다가

다진 **땅콩, 호두, 통깨** 넣고
버무립니다.

매콤
양념
고추장·
설탕(가루꿀)·물엿·
사이다 1큰술씩,
생강가루 1/2큰술

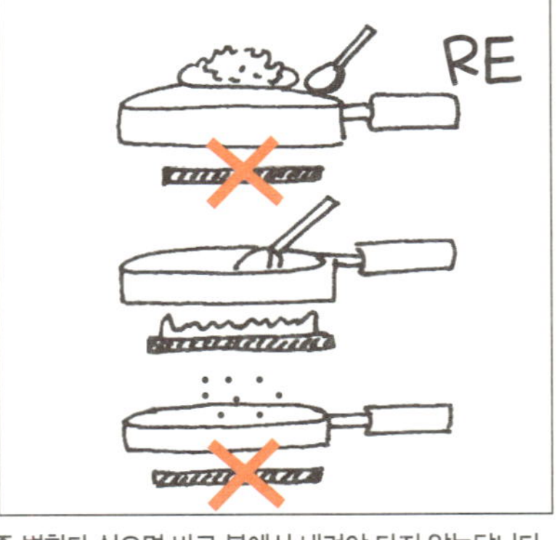

RE

매콤 양념
달콤 양념

Tip! 잔멸치는 불에 민감하게 반응해요. 볶다가 색이 좀 변한다 싶으면 바로 불에서 내려야 타지 않는답니다.

감자조림

학생식당에서 지겹도록 먹던 감자조림도
여기서 만나니 반갑구나야~

감자 2개, 식용유 2큰술, 홍고추·
청양고추 1개씩, 다진 파·
통깨 1큰술씩, 마늘 1/2작은술,
소금 약간 조림양념장

감자는 주사위 모양으로 썰고

찬물에 씻어 체에 밭치고

식용유, 통깨를 넣어 골고루
비비다가

불을 켜고 센 불에서 볶아요.

뚜껑을 덮고 약한 불에서 2분

한번 휘~ 젓고 다시 뚜껑 덮어 2분

고추와 파, 마늘은 이런 모양으로
준비하고

조림
양념
설탕 1/2큰술,
간장·물엿 1큰술씩,
액젓·다진 마늘
1작은술씩

양념 넣고 약한 불에서 살살
저어가며 또 2분

고추 넣고
맴맴

파 넣고 불 끄면 완성~

통깨 on!

Tip! 감자는 썰어 전분을 씻어내지 않으면 요리를 완성했을 때 왠지 지저분해요. 간단히 한 번 샤워시키세요.

시금치무침

뽀빠이 아자씨도 먹고 힘냈다는 시금치 먹고 아자아자.
시험아, 물렀거라~

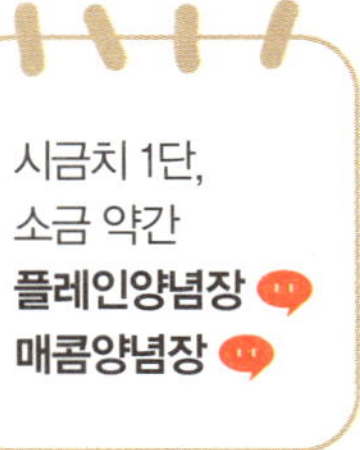

시금치 1단,
소금 약간
플레인양념장
매콤양념장

시금치다듬기
칼로 뿌리
부분을 살살 긁어
흙을 뗀 다음

뿌리 쪽부터 칼집을 넣어
적당히 쪼개요.

큰 볼에서 여러 번 씻고

시금치데치기
끓는 물에
소금 약간 넣고
뚜껑 열어
데쳐요.

WHY?
소금은!
풋내를 없애고
색을 선명하게 해주는
비장의 무기!

재빨리 찬물에 헹궈

플레인 ver.
다진 마늘
1작은술,
다진 파·액젓·
깨소금 1큰술씩,
참기름 2큰술
플레인
양념

적당히 물기를 짠 시금치에
양념 넣어 조물조물~

매콤 ver.
플레인 ver.

매콤 ver.
고추장 2큰술,
다진 파·참기름
1큰술씩, 다진 마늘
1작은술, 설탕(가루꿀)
1/2작은술
매콤
양념

적당히 물기를 짠 시금치에
양념 넣어 조물조물~

Tip! 시금치는 데칠 때 소금을 넣었다고 방심하면 안 돼요. 뚜껑을 닫으면 색이 누렇게 변해 말짱 도루묵!

두부조림

바삭하게 구운 두부에 매콤한 양념장 곁들이면 이것이야말로
웰빙 슬로 반찬!

두부 1모,
감자 전분 2큰술,
식용유 1큰술
조림양념장

두부는 찬물에 씻어 1cm
두께로 잘라

키친타월을 덮어 물기를 빼고

두부가 뽀송뽀송해지면 전분을 묻혀

달군 팬에 기름을 넉넉히 두르고
튀기듯 구워요.

노르스름해지면
OK!

센 불에서 타지 않도록 자주 뒤집지
않는 것이 포인트.

간장·물 4큰술씩,
액젓·다진 파·
고춧가루·들기름·
가루꿀·설탕 1큰술씩,
다진 마늘 1작은술,
다진 청양고추 1개
조림
양념

불을 끄고 양념장을 두부 위에
골고루 얹어

중간 불에서 뚜껑 덮고
뜸 들이듯 1분

양념이 자작하게 남았을 때
불을 끄면 끝!

Tip! 두부 사이사이 남은 물기를 덜 제거하면 팬에 넣었을 때 뜨거운 기름이 사방으로 튀어요. 조심하세요~

무 3종 세트

무는 어떻게 먹어야 할지 난감하다? 볶아서, 조려서,
아니면 날로! 큼직한 무 하나가 뚝딱 없어져요.

무나물 무 300g, 식용유 1큰술, 참기름·파 1작은술씩,
통깨 조금 **볶음양념장** 무생채 무 300g, 고춧가루·
다진 파·액젓 1큰술씩, 식초 1/2큰술, 설탕·다진 마늘·
가루꿀 1작은술씩, 소금 1/2작은술, 통깨 조금

무는 즙을 내서 먹으면
소독, 해열에 좋은 채소.
익혀 먹으면 소화를
도와주니 많이많이
먹어요!

제사상에 오르던
부드러운 무나물로
비빔밥
재료 추가요~

무나물
무는 새끼손가락
길이로 채썰어요.

달군 팬에 기름을 두르고

무 넣고 볶음 양념 넣고 볶아요.

볶음
양념
물 2큰술,
다진 마늘 1큰술,
액젓·가루꿀·
소금 1/2작은술씩

양념이 골고루 배면 불을 약하게
줄여 10분간 뜸 들여서

파, 통깨, 참기름 뿌려
완성!

아삭아삭
씹히는 무생채는
새콤하게
먹어야 맛있죠.

무생채
무는 새끼손가락
길이로 채썰어요.

고춧가루를 뿌려 색을 입힌 다음

설탕과 가루꿀 넣고

무조림 무(작은 것) 1/2개, 당근 1/2개, 참기름(들기름)·통깨 조금씩 조림양념장

액젓, 소금 넣고

파, 마늘, 식초 넣고 버무려

통깨로 마무리해요.

생선 없어도 맛있는 무조림.
부서지지 않도록 동그랗게 돌려 깎아요.

무조림

무는 밤톨만 한 크기로, 당근은 약간 작게 썰어

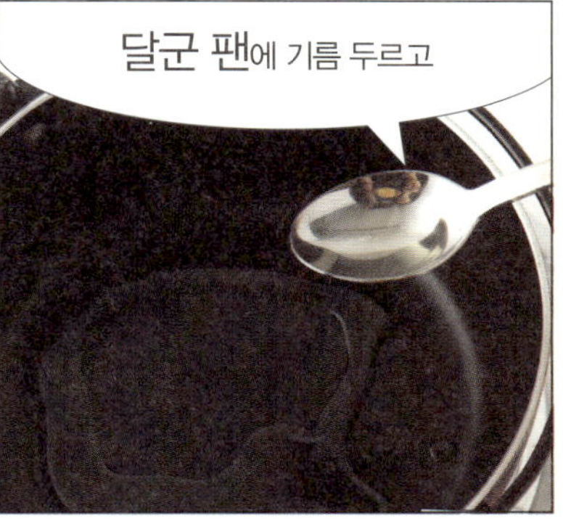

달군 팬에 기름 두르고

무와 당근을 코팅하듯 볶고
조림양념
멸치 국물·물 1컵씩, 간장 5큰술, 맛술 3큰술, 식용유 2큰술, 설탕·물엿·가루꿀·고춧가루 1큰술씩, 생강가루 1/4큰술, 다진 마늘 1/2큰술

소스 넣고 한번 끓으면 약한 불에서 뚜껑 닫고 익히다가

무가 무르면 참기름, 물엿 넣어 버무리고

잠시 팬에 있는 열로 뜸 들여요.

통깨, 송송 파로 FIN~

Tip!
무를 익힐 때는 마지막까지 뜸을 충분히 들여야 서걱거리지 않고 부드러워요.

독일김치 완전정복

마트에 가면 사워크라우트(Sauerkraut)라는 게
있을 거예요. 양배추를 발효해 만든 김치인데, 맵게
양념하면 김치랑 똑같은 맛이 난답니다. 진짜라고요!

간단 밑반찬 독일김치 1공기, 통깨 조금 매콤양념장
두루치기 독일 김치 1공기, 삼겹살 150g, 양파 1/2개, 다진 마늘
1큰술+2작은술, 고춧가루 3큰술, 식용유 2큰술, 대파 1/2컵,
참기름 2큰술, 깻잎·통깨·후추 조금씩 매콤양념장

이것이바로 Sauerkraut~
물기 없이 꽉 차 있어요.
가위로 잘라서 써요.

간단 밑반찬
가위로 자르고

고춧가루 1큰술,
다진 마늘 1/2작은술,
다진 파·참기름·설탕 1작은술씩
매콤 양념
조물조물~

두루치기
가위로 자르고 마늘 1큰술과 고춧가루로 버무려놓아요.

달군 팬에 식용유 두르고 양념한 독일김치 넣어 살짝 볶다가

양파 넣고 계속 볶아요.

양파가 살짝 볶아지면 삼겹살 투입!

간장 2큰술,
고추장·고춧가루·설탕(가루꿀) 1큰술씩
매콤 양념

양념을 넣고 고기가 익을 때까지 볶아요.

볶음밥 독일김치 1컵, 밥 1공기, 양파 1/4개, 풋고추 1/2개,
파 1/2대, 베이컨 3장, 깻잎 1장, 올리브오일 1큰술,
다진 마늘 1작은술, 고춧가루 1/2큰술, 버터·스프가루(밀가루)
1큰술, 달걀 1개, 참기름 1큰술, 깻잎 조금 매콤양념장

다진 마늘 2작은술과 대파, 후추
넣어 버무린 다음 불을 끄세요.

그릇에 담기 전 참기름 살짝~

깻잎, 대파, 통깨로 장식해요.

볶음밥
양파, 풋고추, 파,
베이컨, 깻잎은 미리 잘게 다지고

밥은 뜨거울 때
올리브
오일에 비비고
독일김치는
마늘과
고춧가루에
버무리고

달군 팬에 베이컨과 양파 넣어
살짝 볶다가

볶은 베이컨은 옆으로 밀고
독일김치를 볶아요.

밥 넣고 잘 비빈 다음 다시 한 번
볶아요.

볶은 밥은 공기에 담아 눌러
모양 내는 센스~

고춧가루·케첩
1큰술씩, 밀가루
1작은술, 물 1/2컵,
후추 약간
매콤
양념

달군 팬에 버터 넣어
녹이다가 불을 끄고 소스와
스프가루 잘 푼 다음

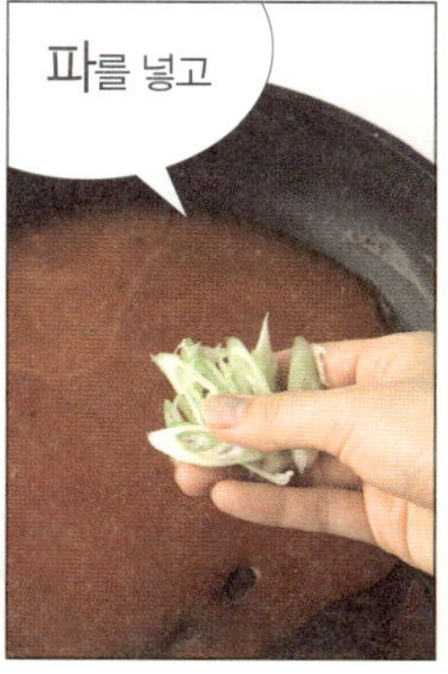

파를 넣고

달걀 프라이, 참기름, 깻잎을
얹어 완성!

오징어채

엄마표 반찬 가운데 가끔 생각나는 게 이 오징어채죠. 바삭하고
달콤한 맛도, 부드럽고 매콤한 맛도 모두모두 내 것!

바삭오징어 가는 오징어채 2컵,
식용유 2큰술, 설탕·깨 1큰술씩
매콤오징어 오징어채 100g, 마요네즈
2큰술, 통깨 조금 매콤양념장

바삭오징어
가위로 먹기
좋게 잘라요.

식용유를 넣고
골고루 버무린
다음

불을 켜서 볶다가 바삭해지면 설탕과
깨를 넣고 불 OFF!

팬이 뜨거울 때 얼~른 버무려요.

매콤오징어
가위로 먹기
좋게 잘라요.

마요네즈에 버무려
5 minutes~

식용유 4큰술,
고추장·가루꿀·
물엿 2큰술씩,
설탕 1큰술
매콤
양념

팬에 양념을 넣고 설탕이
녹을 때까지 졸이다가

불을 끄고 오징어와 통깨 넣어
잘 비벼요.

Tip! 오징어채는 불에 약해요. 방심하면 금세 타버리니 불조심은 필수!

모둠채소피클

피자에 딸려 오는 피클이 다가 아니에요. 더 신선하고 상큼한,
예쁜 색의 피클을 만들어보자고요!

오이·브로콜리·콜리플라워·
당근·셀러리·양배추 등
아삭한 채소 모두 모아 1대접,
소금 1큰술 단촛물

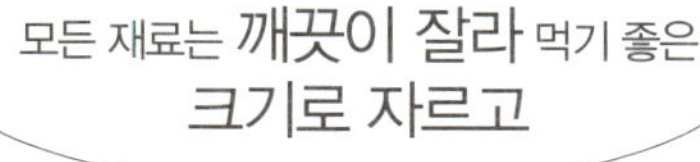

모든 재료는 깨끗이 잘라 먹기 좋은
크기로 자르고

소금에 1시간 정도 절였다가

물로 한 번 헹궈서 체에 받쳐요.

물 1/2컵,
설탕· 식초 5큰술,
월계수 잎 1장,
마른 고추 2개,
피클링 스파이스
1/4작은술
단촛물

이것이 바로 피클링 스파이스!

PICKLING SPICE
(피클링 스파이스)

월계수 잎은 물에 한 번 씻어 넣어요.

단촛물을 팬에 붓고 한 번만
바르르 끓여요.

볼에 채소를 넣고 뜨거운
단촛물을 부어서

잘 저어가며 섞어요.

식혀서 예쁜 그릇에 담아
냉장고에 넣어요.

3시간 후
먹을 수 있어요.

카레라이스, 하이라이스와
찰떡 궁합!

Tip! 피클링 스파이스는 정향, 겨자씨, 코리앤더, 딜시드 등을 하나로 모아둔 피클 전용 향신료예요. 마트에서 쉽게 구할 수 있어요.

볶음고추장

쌈장도 되고, 비빔밥용 고추장도 되는 전천후 아이템. 3개월 정도
보관할 수 있으니까 냉장고에 넣어두고 입맛 없을 때 꺼내 먹자고요.

쇠고기(안심, 홍두깨살, 우둔살) 70g,
고추장 1컵, 식용유 1/2큰술, 다진 마늘·
간장·간 양파·가루꿀·참기름 1큰술씩,
물엿 3큰술, 다진 생강 1/2큰술

달군 냄비 바닥에 식용유를
골고루 바르고

마늘과 생강 넣어 타지 않도록
20초쯤 볶다가

잘게 다진 쇠고기를 넣고
중간 불에서 볶아요.

고기가 반쯤 익으면 간장과
양파를 넣고

국물이 다 졸아들 때까지
중간 불에서 keep

센 불에서 한 번 더 볶아 국물을
완전히 없애고

불을 줄인 다음 고추장을 넣고
타지 않게 볶습니다.

푹푹거릴 때까지 계속 젓다가

가루꿀 넣어
젓고

물엿 넣고 또 젓고

불 끄고 참기름으로 마무리~

식으면 예쁜 통에 담아
냉장고에 넣어둬요.
볶음 고

Tip! 볶음고추장은 고추장이 생명! 찹쌀로 만든 고추장을 고르면 실패하지 않아요.

종합맛간장

과일 껍질 몇 쪽만 넣어 끓였을 뿐인데, 향긋하고 깊은 맛이
난다고? 사실입니다. 믿어주세요~

사과·귤·배·레몬·감 등 과일 껍질 1컵, 당근 5cm,
마늘 3쪽, 생강 1톨, 양파 껍질 1개 분량,
통후추 5알, 청양고추·홍고추 1개씩, 파뿌리 3개,
표고버섯 우린 물 1컵, 설탕·알코올·맛술 6큰술씩

뭔가 많은 것 같지만
평소에 조금씩
준비하면 OK!

양파는 껍질째 물로 씻어 반을 갈라
위아래를 자르고 껍질을 두 겹 벗겨요.
I'm
양파
껍질!

파는 뿌리 부분을
자르고, 물에 구멍 내듯
찔러가며 흙을
제거합니다.
여기도
point!

표고버섯은 물로 한 번 씻어
국물주머니 우린 물에 담가요.

과일 껍질은 깨끗이 씻어
비닐에 넣어 냉동해둡니다.
맛간장용 과일 껍질

냄비에 과일 껍질을 뺀 재료를
다 넣고 센 불에서 한소끔 와르르~

불을 약하게 줄이고 채반을 뒤집어
넣어서 30분 부글부글~

과일 껍질을 넣고 센 불에서
다시 한소끔

냄비 뚜껑을 덮고 불 끈 다음

랩을 돌려 완전히 밀폐해
숙성시키고
24 hours

필터에 걸러
예쁜 통에
담아두고
먹어요.

어떤 음식에나
착 감기는
이 맛!
과일 맛간장

Tip! 채반을 뒤집어 눌러두는 이유는 재료가 뜨지 않게 하기 위해서예요. 채반이 없으면 그냥 끓여도 OK!

작은 용기에 베이킹 소다를 담아 뚜껑을 덮지 않고 냉장고 안에 넣어두면 냉장고 냄새가 싹 사라져요. 3개월에 한 번씩 갈아주는데, 다 쓴 것은 청소할 때 재활용하죠. 막힌 배수구 뚫을 때도 베이킹 소다는 꼭 필요해요. 베이킹 소다 1컵과 전자레인지에서 뜨겁게 데운 식초 1컵을 붓고 5분쯤 놔둔 다음 끓는 물을 한 냄비 부으면 끝! 잠깐 한눈팔다 냄비를 태워먹었다고요? 새까맣게 탄 냄비도 새 것처럼 반짝이게 해준답니다. 냄비의 탄 부분까지 물을 채우고 소다를 2큰술 풀어 15분 정도 끓인 다음 닦으세요. 참, 알루미늄 냄비에는 접근 금지! 변색되어서 더 새까매져요. 방에서 악취가 날 때는 베이킹 소다를 푼 물에 수건을 적시고 꽉 짠 다음 허공에 수건을 휘휘 돌려주세요. 냄새 입자를 베이킹 소다가 쏙쏙 잡아먹어 방 안 공기가 금세 맑아져요.

카펫을 청소할 때는 카펫에 소다가루를 뿌리고 진공청소기로 빨아들이면 끝! 물이 바뀌어 피부가 거칠어졌다면 베이킹 소다를 입욕제로 사용해봐요. 온천수와 비슷한 성분이라 산성화된 피부를 중화해주고, 피지와 땀을 씻어 피부를 매끈하게 해준답니다.

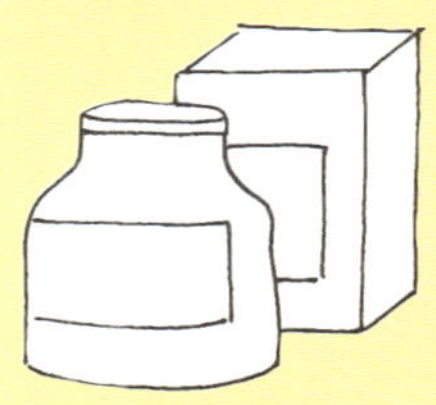

Noodle

자장면에 꼭 수타면을 고집할 필요 있나요?
값싸고 맛있는 스파게티 면 한 줌이면 충분해요. 김말이는 분식집 아줌마
특제 메뉴일까요? 후추 뿌린 당면과 김만 있으면
막 튀겨낸 뜨거운 김말이를 호~호 불어가며 먹을 수 있답니다!

Noodle

펜네(Penne)처럼 속이 빈
파스타에 곁들일 소스를 만들 때는
소스 재료를 잘게 잘라 펜네
안으로 쏙쏙 들어가게 해야 해요.
그래야 면을 씹으면서 톡톡 터져
나오는 소스 맛을 즐길 수 있답니다.

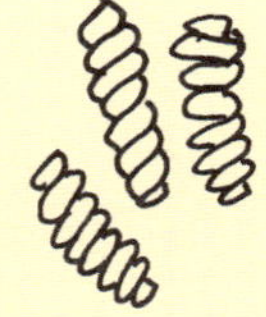

푸실리(Fusilli)처럼 속이 비지 않은
파스타는 소스에 들어가는 재료의 크기가
큼지막해야 포크로 찍어 같이 먹을 수 있어요.

*우리나라 국수를 찬물에 헹구는 이유

밀가루를 반죽해 가늘게 뽑은 다음 건조시킨 우리나라 국수는
삶으면 쉽게 붇거나 퍼져요. 삶아서 찬물에 헹궈야
더 이상 익거나 붇는 것을 막을 수 있답니다. 갑자기 온도가
바뀌면 면이 수축해 더 쫄깃쫄깃해지고요. 또 물이 면 주위에
붙어 있던 밀가루를 털어내 서로 붙지 않죠. 여러 번 헹궈야
텁텁하지 않고 깔끔하답니다.

삶은 면이 남았을 때 1
소금과 후추로 밑간해서 잘게 잘라 당면 대신 김말이 속으로 활용해요.

삶은 면이 남았을 때 2
잘게 다져서 부침개할 때 같이 넣어 익혀요. 속도 든든해지니
식사 대용으로도 짱짱!

삶은 면이 남았을 때 3
물기를 빼고 새집 모양으로 동그랗게 만 면을 체에 올려
기름에 튀겨요. 여기에 시럽 붓고 다진 땅콩을 뿌리면
영양간식 완성~

*스파게티 면을 삶을 때

스파게티 면을 삶을 땐 꼭 소금을 넣죠. 왜 그럴까요? 이탈리아
사람들은 재료가 씹히는 느낌을 제일 중요하게 생각한대요.
그래서 스파게티 면도 국수처럼 푹 익히는 게 아니라
꼬들꼬들하게 씹힐 정도로만 익히죠. 삶을 때 소금 간하는
이유도 이와 비슷해요. 맛을 제일 먼저 느끼는 소스에 간하면
뒤따라 씹히는 면의 맛이 심심하기 때문이죠.
간하지 않아 재료 고유의 맛을 충분히 살린 신선한 소스에
적당히 간이 밴 스파게티 면이 어우러지면 처음 씹는 순간부터
삼킬 때까지 매번 다른 맛을 느낄 수 있답니다.

*스파게티 면을 찬물에 헹구지 않는 이유

듀럼이라는 밀에서 나오는 밀가루인 세몰리나를 주로 사용하는
스파게티 면은 뜨거워야 소스를 잘 흡수하기 때문에
찬물에 헹구면 맛이 없어져요. 삶을 때 떨어뜨리는 올리브오일
몇 방울이 서로 달라붙지 않도록 기초공사를 확실히 해두니
더욱 헹굴 필요 없겠죠?

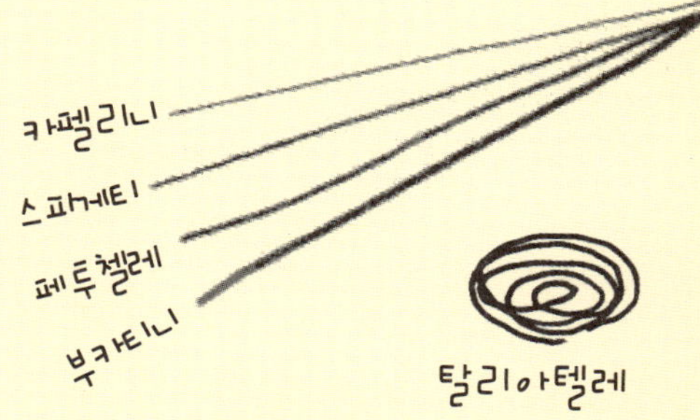

파스타는 크기나 모양에
따라 이름이 각기 다른데,
아주 작은 차이로도 다른 이름을
붙일 정도로 복잡해요.
하지만 입맛에 맞는 몇 가지만
알아두면 마트에서 헤맬 일이
없답니다.
일단 스파게티(Spaghetti)는
가장 일반적인 파스타로, 웬만한
파스타 요리에 다 잘 어울려요.
이보다 더 가는 것은
스파게티니(Spaghettini)나
페델리니(fedelini), 소면처럼
아주 가는 것은 카펠리니
(capellini)라고 불러요.
우동이나 짬뽕, 자장면처럼
굵은 면이 필요하다면 페투첼레
(fettuccelle)가 좋고,
볶음면에는 빨대처럼 가운데가
뚫린 부카티니(bucatini)가
딱이죠. 칼국수면이 없다면
새 둥우리처럼 생긴 탈리아텔레
(tagliatelle)를 써도 돼요.
파스타는 이름에 따라 삶는 시간도
다르니 포장지부터 확인하세요.
'Cottura' 옆에 붙은 숫자만큼
삶으면 OK!

자장면

울나라에서야 전화 한 통이면 냉큼 배달해주는 자장면이지만,
미국에선 절대 불가능한 일. 면에도, 밥에도
후딱 얹어 먹을 수 있는 비장의 자장 소스를 만들어볼까요?

돼지고기 100g, 국수·스파게티 면 200g씩, 춘장 2큰술, 청주 1큰술, 설탕·식용유 1/2큰술씩, 소금·후추·생강가루 약간씩, 양파 1/4개, 다진 당근·다진 호박·완두콩 2큰술씩, 녹말물 1큰술, 오이채 약간

돼지고기는 잘게 썰어
(귀찮다면 간 것도 OK!)

청주, 후추, 생강가루 넣고
조물조물~

양파와 당근은 손톱 크기로 썰고

호박과 감자도 같은 크기로

Optional
완두콩은 국수 삶을 때 같이 삶아요.

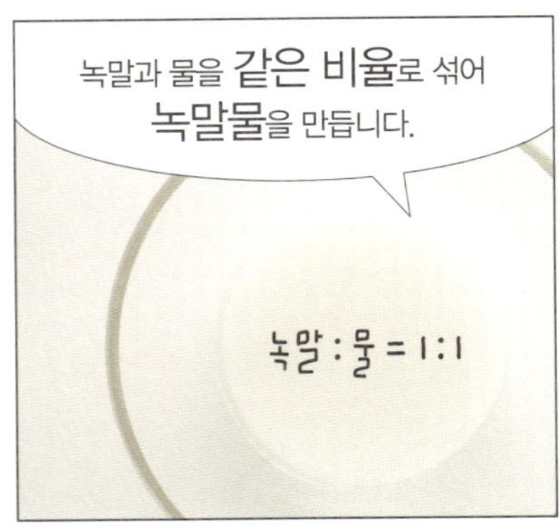

녹말과 물을 같은 비율로 섞어
녹말물을 만듭니다.
녹말 : 물 = 1:1

팬에 식용유 두르고 춘장을 달달
볶다가 다른 그릇에 옮겨 담고

돼지고기 먼저 애벌로 볶은 다음

채소류를 함께 넣고 볶아요.
양파가 투명해지면

불을 끄고 춘장을 넣어 잘 비빕니다.
Tip!

다시 불 켜고 물 2컵 부은 다음
잘 저어가며 익혀요.

채소가 다 익으면 설탕을 넣고 소금으로
간한 다음 불을 줄입니다.

춘장을 볶으면 기름이 남는데, 깨끗이 닦아내고 다시 기름을 살짝 두른 다음 돼지고기를 볶아야 맛이 깔끔해요. 좀 귀찮지만 꼭 지켜보세요~

자장떡을 먹고 싶지 않다면 녹말물은 조금씩 나눠서!

국수 삶기 ① 마른 국수 ver.
끓는 물에 부채처럼 쫙 펴서 넣고

한 번 끓어오르면 찬물 1컵 부어 진정시켜요. ×2

한 가닥 건져 찬물에 헹궜을 때 투명하면 다 익은 것!

찬물에 담가 비벼 씻어 체에 밭쳐요.

국수 삶기 ② 스파게티 면 ver.
끓는 물에 면 넣고

5분 삶고 식용유 1큰술 넣어 뚜껑 덮고 불 껐다가

먹기 직전에 다시 한 번 불을 켜고 와르르 끓여요.

물을 따라냅니다. 찬물은 NO!

오이채를 길쭉길쭉하게 썰어서

국수 ver.
스파게티 ver.
취향대로 먹자!

짬뽕

짬뽕은 언제나 자장면과 한 세트죠. 자장면처럼 짬뽕 만들기도
정말 쉬워요. 도전, 짬짜면 콤보!

냉동 해물 1컵, 호박·당근 1/8개씩, 양파 1/4개,
대파 10cm, 양배추 1/2컵, 느타리버섯 1/3컵,
청양고추·홍고추 1개씩, 닭육수가루 1큰술,
녹말물 1큰술, 후추·소금 조금씩 짬뽕양념

해물은 체에 담아 찬물에 가볍게
샤워시키고

호박과 당근은 납작썰기로 촤라락~

양파는 채치고 대파는 잎 쪽을 큼직하게
썰고 마늘은 다지고

양배추는 채치고 느타리버섯과
청양고추는 먹기 좋게 쏙싹
고춧가루 2큰술, 다진 마늘 1/2큰술, 식용유 4큰술
짬뽕양념
약한 불에서 볶다가

불 끄고 채소와 해물 넣어
비비작비비작~

센 불에서 후다닥 한 번 볶은 다음

재료가 겨우 잠길 만큼 물을 부어요.

닭육수가루를 넣고 끓이다가

불 끄고 녹말물로
농도 맞추고 후추와
소금으로 간해요.

삶아둔 국수에 짬뽕 국물을 끼얹어

시원하고 얼큰하게 후루룩!

Tip! 삶아놓은 국수에 국자로 국물을 떠서 붓고, 다시 따라내고 하면서 국수를 데워야 면발에 국물이 쏙쏙 배요.

울면

매운 거 못 먹는 학생에겐 담백한 울면이 최고! 엄마 보고
싶은 날 울지 말고 울면을 먹어보아요.

냉동 해물 1컵, 호박·당근 1/8개씩, 양파 1/4개,
대파 10cm, 양배추 1/2컵, 다진 마늘 1/2큰술,
느타리버섯 1/3컵, 달걀 1개, 물 3큰술, 닭육수가루·
녹말물 1큰술씩, 소금 조금 울면양념

해물 샤워시키기부터

마늘 다지기까지 3단계는

짬뽕이랑 SAME!

배추와 느타리는 독립시키고

식용유에 다진 마늘 넣고 살짝 볶다가

대파 빼고 재료 우르르 투입!

센 불에서 한 번 후다닥
볶다 대파 넣고

간 배도록 살짝 볶아요.
울면
양념
굴소스 1큰술,
맛술 1큰술,
생강가루·후추
약간씩

재료가 잠기게
물을 붓고
닭육수가루 넣어
끓기 시작하면

달걀물 넣으면서 젓습니다.
달걀 1개
+
물 3큰술

불 줄이고 녹말물 조금씩 넣어가며
소금으로 간하고 저으세요.

참기름과 통깨로 마무리~

Tip! 청경채가 있다면 큼지막하게 썰어두었다가 대파와 함께 넣어보세요. 아삭아삭 시원한 맛을 낸답니다.

쫄면

학교 앞 분식점에서 친구들이랑 후루룩 먹던 쫄면.
오늘은 옆 방 애슐리 불러다가 같이 먹자고요.

양배추·오이·당근 1/4컵씩,
숙주나물(콩나물) 1줌, 국수 200g,
삶은 달걀 1/2쪽, 참기름·통깨
약간씩 쫄면양념장

채썬 양배추는 물에 담갔다가
체에 밭치고

오이와 당근은 얇게 채썰어요.

숙주나물은 소금물에 살짝 데쳐
찬물에 헹궈 물을 빼놓아요.

양파·배주스
2큰술씩, 설탕·다진 마늘
1큰술씩, 식초 2큰술,
물엿·고추장 2큰술씩,
고춧가루·간장 1큰술씩,
사이다 2큰술
쫄면양념

쫄면은 삶기 전에 양 끝을 잡고
비틀어놓거나

냉동실에 10분 정도 두었다가
바로 삶아요.

물이 끓으면 면을 넣고 2분쯤 삶아

찬물에서 빨래하듯 비벼가며 씻어서

얼음물에 헹구면 더 쫄깃쫄깃~

손가락으로 예쁘게 감아
그릇에 담아요.

Tip!

채소와 양념장
참기름, 통깨
얹으면 끝!
삶은 달걀도 얹으면
더 완벽하겠죠?

쫄면은 삶을 때도 잘 달라붙는답니다. 방심하지 말고 젓가락으로 휘휘 저어가며 삶아야 해요.

비빔냉면

끝내주게 더운 여름 한낮, 시원하게 비빔국수 한 그릇 어때요?
간단 육수만 만들어두면 물냉면까지 OK!

무·오이 1/2컵씩, 면 200g, 겨자가루·따뜻한 물
1큰술씩 **육수** 물 10컵, 비프스톡 1/2개,
통후추 5알, 파뿌리·양파껍질 약간씩, 식초 2큰술
비빔양념장 💬 **무절임** 💬 **오이절임** 💬

비빔양념
배주스·사이다·
사과주스 2큰술씩,
양파 1/4개, 고춧가루·식초·
간장 3큰술씩, 고추장·설탕·
물엿·다진 마늘·참기름
1큰술씩, 생강가루·후추·
통깨 약간씩

무와 오이는 나박 썰어 소금을
뿌려 10분간 절인 후

물에 헹궈 물기를 꼭 짜요.

무절임
식초·설탕
1/2큰술씩,
고춧가루 약간

오이절임
식초·설탕
1/4큰술씩

겨자가루를 따뜻한 물에 개어 그릇을
엎어 숙성시킵니다.
겨자가루 1큰술
+
따뜻한 물 1큰술

끓는 물에 면을 넣고 3분간
잘 저어가며 삶다가

투명해지면 찬물에 빨래하듯
비벼가며 씻어요.

얼음으로 한 번 냉마사지한 다음

통깨, 참기름, 겨자로 마무리!

간단육수
육수 재료를
냄비에 넣고
팔팔 끓여서

커피 필터에
걸러 냉장고에
식혀두면

빨간 물냉면도 먹을 수 있어요.

Tip! 냉면은 가위로 자르지 않기! 한 올은 배 안에, 한 올은 입 안에 있어야 제 맛이래요~.

닭칼국수

비 찔끔 오고 후텁지근한 여름날 저녁, 닭칼국수는 몸보신 메뉴 넘버원이죠.
닭가슴살 한 쪽으로도 만족스러운 맛이 난답니다.

닭가슴살 1쪽, 칼국수면 200g,
대파 10cm, 생강 1톨,
당근·호박·양파·버섯 1/4컵씩,
간장 1큰술 고기양념장

닭가슴살은 찬물로 샤워시키고

고기가 잠기게 물을 붓고 대파와
생강 넣어 센 불에서 끓여요.

그 사이 채소류는 큼직하게
썰어두자고요.

거품 걷어가며 물이 1/3로
줄 때까지 끓이다가

고기, 파, 생강 다 건져내고

고기만 결대로 찢어서 양념 넣고
조물조물~

다진 마늘·
다진 파·참기름
1/2큰술씩,
소금·깨·후추
약간씩
고기
양념

육수에 간장과 면을 넣고 끓여요.

참, 생면은 한번 샤워시키기!

5분 정도 지나 면이 반쯤 익으면
채소를 넣고

모자라는 물은 수시로 보충해가며
끓여요.

양념 닭고기와 참기름, 김가루 얹어
완성!

Tip! 생면에 묻어 있는 밀가루를 물로 씻어내지 않으면 국물이 텁텁해지니까 한 번만 샤워시키세요.

바지락칼국수

조개구이는 먹을 수 없지만 바지락칼국수라면야! 채소는 아끼지
말고 팍팍 넣어주는 센스~

바지락 2공기, 국물보따리 1개, 칼국수면
200g, 물 10컵, 당근·양파·호박·버섯
1/4개씩, 대파 10cm, 청양고추·홍고추
1개씩, 소금 조금 칼국수양념장

바지락은 옅은 소금물에 담가
해감을 빼고
5 hours

체를 흔들어가며 깨끗이 씻어요.

국물보따리 넣고 10분 끓인 다음

바지락으로 선수 교체!

입을 벌리면 건져내고요.

국물을 커피
필터에 한 번
걸러요.

냄비에 걸러낸 국물을 다시
끓이는 동안

채소를 먹기 좋게 썰고
간장 2큰술,
액젓·고춧가루
1큰술씩, 설탕 1/2작은술,
다진 마늘·다진 파·
다진 청양고추·
다진 홍고추·참기름·
깨 1작은술씩
칼국수
양념

끓는 국물에 밀가루 헹궈낸
면 투입해 반쯤 익으면

채소 넣고 면이 투명해질 때까지 끓이다가
불 끄기 전 바지락을 넣으세요.

양념장 곁들여 먹어요.

Tip! 바지락은 오래 끓이면 살이 질겨 맛이 없어요. 입만 쩍 벌리면 바로 건져내세요.

잡채

재료마다 따로 볶는 잡채는 NO! 한 방에 해결하는 콧방귀 뿡뿡
잡채 나가신다~

당면 200g, 양파·피망·파프리카 1/4개씩,
당근·시금치 1/4컵씩, 다진 마늘 1/2큰술,
파 5cm, 버섯(종류별로 썬 것) 1컵, 식용유·
간장·참기름 1큰술씩 **잡채양념장**

당면은 미지근한 물에 불려요.

양파, 당근, 파는 채치고, 마늘은 다지고

피망과 파프리카는 반을 잘라 씨 빼고 채쳐요.

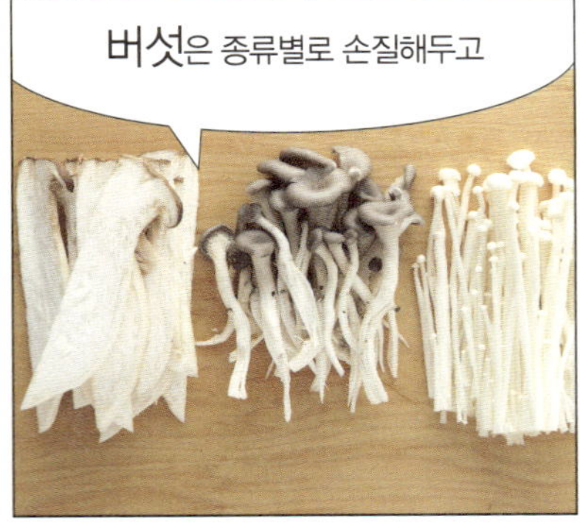

버섯은 종류별로 손질해두고

시금치는 깨끗이 손질해요.

잡채
양념장
간장 1큰술,
물 2큰술, 설탕 1/2큰술,
참기름 1작은술,
마늘·설탕 1/2작은술씩,
후추·깨 약간씩

팬에 물 1컵과 식용유, 간장 넣고 불린 당면을 볶다가

반쯤 익으면 양파, 당근, 마늘을 미리 익히고

새송이 → 느타리 → 피망·파프리카 → 시금치 → 팽이 순으로 넣어 볶아요.

양념장과 파를 넣고 한 번 버무린 다음 불을 끄고

참기름을 휘둘러 섞어 그릇에 담아내세요.

+ 깨 !

Tip! 채소는 단단할수록 더디게 익어요. 양파나 당근처럼 더디 익는 채소는 미리 넣고, 팽이버섯처럼 금세 흐물거리는 채소는 나중에 넣어야 한답니다.

김말이

떡볶이와 김말이는 그야말로 환상의 짝꿍. 튀기는 요령만 익히면
오징어튀김보다 더 쉬워요~

당면 1컵, 자투리 채소 1/4컵,
간장 2큰술, 식용유·참기름
1큰술씩, 후추 1/2작은술, 김 5장,
튀김가루·물 5큰술씩

당면은 미지근한 물에 불리고

자투리 채소는 얇게 채쳐요.

간장 1큰술과 식용유 넣은 물에
당면을 삶고

체에 밭쳐 물기를 뺀 다음

볼에 담아 가위로 대강 자르고

후추와 참기름, 간장 1큰술
넣고 버무립니다.

4등분한 김에

당면과 야채 한 줄을 넣고 돌돌 말아

튀김옷에 살짝 굴려
튀김가루 : 물 = 1 : 1

넉넉히 기름 두른 팬에서 튀겨내요.

키친타월에 올려두면 더 바삭바삭~

Tip! 기름이 한곳에 모이도록 프라이팬을 기울이면 기름도 절약되고, 여러 개 튀기다 태우는 것도 방지할 수 있어요.

응급처치법 마음든든

설사

가뜩이나 예민한 속, 물갈이까지 한다면 엄청 고생스럽죠. 이럴 때는 녹차를 진하게 타서 마셔요. 녹차에 들어 있는 타닌 성분이 위장을 수축시키기 때문이죠. 아주 심하다면 녹차에 날달걀을 넣어 저어 먹어도 좋아요. 이때 발생하는 흰색 가스가 설사를 중지시켜줘요.

불면증

리포트 쓰느라 머리 싸매고 있다 보면 으레 두통과 불면증이 세트로 찾아오죠. 콩으로 속을 채운 베개를 베고 머리를 쉬게 하면 싹 나을 거예요. 베개 전체에 콩을 넣기가 힘들면 가로 20cm, 세로 15cm 크기로 작게 만들어 베개 위에 겹쳐 놓아도 돼요.

생선가시

생선을 먹다가 목에 가시가 걸리면 보통 밥을 한 숟가락 꿀꺽 삼키지만, 추천할 만한 방법은 아니에요. 이럴 땐 날달걀 하나를 깨서 꿀꺽 마시거나, 식촛물로 입 안과 목을 헹구는 게 더 좋답니다.

편두통

편두통이 심하면 약부터 찾지만, 옳지 않아요. 약은 적당히 먹고, 그래도 참기 힘들면 벌꿀 한 숟가락을 먹어 보세요. 한 시간 안에 통증을 잡을 수 있을 거예요. 단, 벌꿀을 먹으면 오히려 두통이 심해지는 특이체질도 있으니 알레르기가 없는지 확인은 필수!

Rice Cake

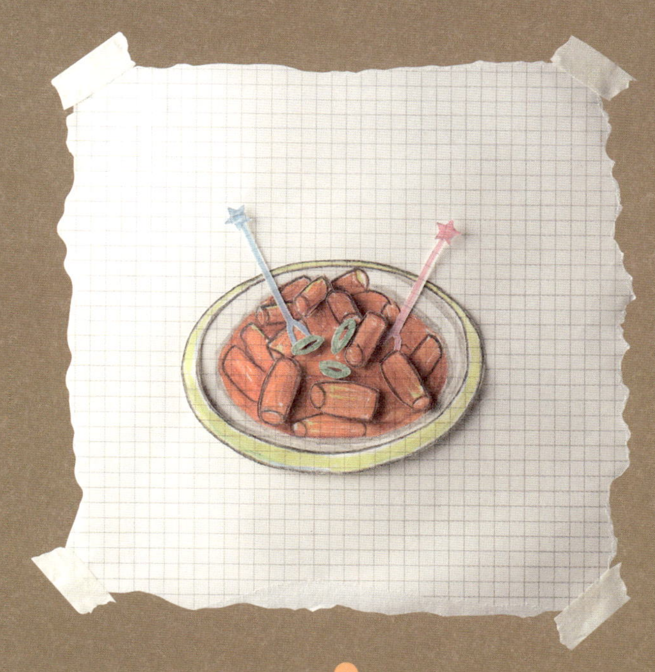

우리나라 음식이 많이 퍼지긴 했지만,
떡은 외국에서 쉽게 구하지 못하는 음식 중 하나죠. 하지만 마트에서 발견한
쌀가루 한 봉지면 30분 만에 가래떡 완성! 이걸로 떡볶이도 해 먹고,
떡꼬치도 만들어 먹어요. 아~생각만 해도 군침이 꿀꺽!

떡 만들기

우리나라에서야 흔한 게 떡이지만, 미국에서 떡 보기란 하늘에 별 따기!
초간단 비법으로 떡을 만들어보자고요~

쌀가루 500g,
물 2컵, 소금 1작은술,
참기름 1큰술,
식용유 1큰술

마트에서 쌀가루 한 봉지 사와요.

소금이 안 들었는지 꼭 확인!
Total Fat 0 g   0 %
Saturated Fat 0 g   0 %
Trans Fat 0 g
Cholesterol 0 mg   0 %
Sodium 0 mg   0 %
Total Carbohydrate 24 g   8 %
Dietary Fiber 0 g   0 %
Sugars 0 g
Protein 2 g

쌀가루에 물과 소금을 넣고 반죽해요.

소보로빵 상태가 되면 OK

냄비에 물을 붓고 끓여요.

물은 끓었을 때 찜기로 올라오지 않을 정도가 좋아요.

냄비에 김이 오르면

유산지에 설탕 살짝 뿌리고 반죽을 올려요.

뚜껑을 덮고
just 20 minutes!

비닐봉지에 기름을 살짝 바르고 반죽을 넣어 치대다가

반죽이 뭉치면 떡 모양으로 굴려서 모양 잡아요.
참기름과
식용유를 섞어
겉에 바르면 끝!

Tip! 쌀가루 겉면에 'glutinous'란 표시가 있는 쌀가루로는 찹쌀떡을 할 수 있어요.

매콤떡볶이

학교 앞 분식집에서 사 먹던 컵볶이가 얼마나 그립던지.
먹고 싶다 울지 말고, 어제 만들어둔 떡으로 똑같이 만들어보자고요!

토르텔리니 or 파스타 1컵, 떡 1컵,
양파 1/2개, 파 1/2대, 양배추 1컵,
어묵 2장, 소시지 1개, 쫄면 1/2컵,
참기름 조금 **떡볶이양념장**

케첩·사이다
2큰술씩, 고춧가루·
고추장·설탕·
다진 마늘·물엿 1큰술씩,
카레 1작은술, 액젓·
간장 1/2작은술씩
떡볶이
양념장

팬에 물이나 육수를 넣고 끓이다가

끓기 시작하면 토르텔리니를
넣어요.

반쯤 익으면 떡을 넣고 떡이
잠길 만큼 물을 보충해요.

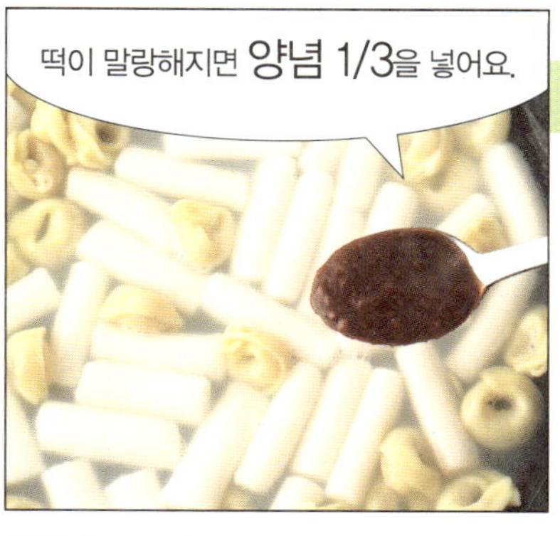
떡이 말랑해지면 양념 1/3을 넣어요.

채소 준비
양파와 파,
양배추는 이렇게 준비!

친구 준비
오뎅과 소시지,
쫄면도 먹기 좋게 썰고요.

남은 양념을 절반 넣고
친구도 넣고!

채소 넣고 한번 끓인 다음

채소가 익으면 나머지 양념으로
간하고 불을 꺼요.

먹기 전 참기름 찔끔~

Tip! 떡볶이는 많이 뒤적일수록 색이 탁해져요. 눌어붙지 않을 정도로만 가끔 뒤적이세요.

간장떡볶이

엄마가 만들어주시던 짭조름한 간장떡볶이는 옛날 임금님께
올렸던 궁중떡볶이라는 사실! 파티용 메뉴로도 아주 좋아요~

쇠고기 100g, 떡 1컵, 양파 1/3개,
대파 10cm, 버섯 1컵, 파프리카·피망
1/2개씩, 당근 5cm, 참기름·식용유
1큰술씩 **1차 양념** 💬 **2차 양념** 💬

쇠고기는 굵직하게 채썰어

다진 마늘
2큰술,
설탕 3큰술
1차
양념
10 minutes

간장 6큰술,
청주·참기름
1큰술씩, 후추
약간
2차
양념

떡은 얇게 썰어서

끓는 물에 담갔다가 건진 다음

뜨거울 때 참기름과 식용유에
조물조물~

양파, 대파, 버섯, 파프리카,
피망, 당근 ready!

달군 팬에 고기부터 살짝 볶다가

양파, 당근 넣고 볶다가

떡을 넣고 볶아요. 이때 물을
조금씩 부어야 good~

파프리카, 대파, 버섯 넣고 볶다가
숨 죽으면 불 끄고 참기름 찔끔~

떡꼬치

뭔가 쫀득하고 매콤한 것이 먹고 싶을 때는 학교 앞 떡꼬치,
반찬 없을 땐 돌돌 말아 베이컨떡꼬치!

학교 앞 떡꼬치 떡 16개, 식용유 2큰술,
깨·다진 땅콩·파슬리 가루 약간씩 **매콤양념**
베이컨떡꼬치 떡 8개, 베이컨 2장 **짭짤양념**

학교 앞 떡꼬치
케첩 3큰술,
고추장·물엿·
사이다·간장·꿀가루
1큰술씩, 다진 마늘
1작은술
매콤
양념

떡을 꼬치에 꿰고

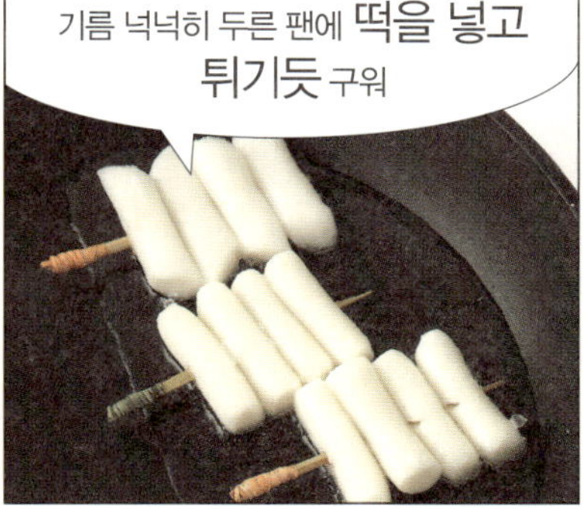
기름 넉넉히 두른 팬에 떡을 넣고
튀기듯 구워

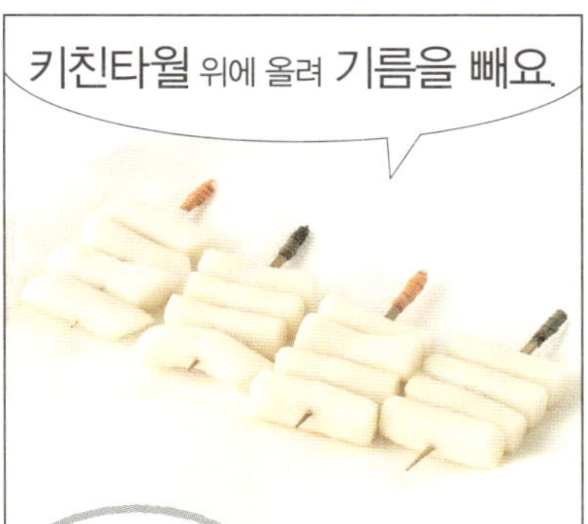
키친타월 위에 올려 기름을 빼요

양념은 골고루~

깨, 땅콩, 파슬리가루 뿌려 냠냠!

베이컨떡꼬치
케첩·다진 양파
3큰술씩, 사이다 2큰술,
고추장·굴소스·청주·
물엿·가루꿀 1큰술씩,
참기름 1/2큰술,
다진 마늘 1작은술
짭짤
양념

베이컨을 반으로 잘라

떡 2개를 1개씩 올려 돌돌 말아요.

달군 팬에 뒤집어가며 굽다가

양념을 팬 한쪽에서 졸여
꼬치 위에 얹어요.

여기도 깨랑 땅콩, 파슬리가루로
장식해요~

Tip! 베이컨을 구울 땐 기름 두르지 않는 것, 잊지 않았죠?

전단지
해독하기
외계어가
가득~

LB = pound

1파운드에 1달러
99센트라는 뜻!

LBS = pounds

2파운드에
99센트라는 뜻!

ct =
number of individual items per container

1팩에 몇 개 들었는지
이걸 보면 알 수 있어요.

CRV =
California refund value

캔 등 재활용 가능한
것에 미리 부과하는
돈이에요. 다 마시고
가져다 주면 되받을
수 있답니다.

defrosted = 해동한

marinated = 양념한

flap meat = 안심과 등심 사이의 채끝살

pork spareribs = 돼지갈비

another fishes

swordfish 황새치

halibut
북쪽 해양산 큰 가자미

turbot
유럽산 가자미

tuna 참치

mackerel 고등어

farm raised = 양식

salmon = 연어

roughy = 부시돌치
뉴질랜드 해역에서 잡히는 생선 이름이에요.

tilapia = 민물 돔

INDEX

쉽다!
빠르다!
유학생을 위한
요리 노트

초판 1쇄 2008년 12월 11일
초판 2쇄 2009년 4월 23일

지은이·그린이 김은주
진행 안혜령(the SSEN)
사진 권오상(SB1)
교정&교열 이현숙

펴낸이 이헌상
기획 H&C
디자인 장 메이
마케팅 함송이, 유혜원
출력 ing 프로세스
인쇄 미래프린팅

펴낸 곳 펜하우스
주소 서울시 마포구 공덕동 463 현대하이엘 1728호
전화 02-6353-2353(편집) 02-753-2700(판매)
등록 2007년 3월 15일 제 22-3098호

값 9,800원
ISBN 978-89-961249-3-1(13590)